Ullstein Sachbuch

ZUM BUCH:

Neue Erkenntnisse, neue Wahrzeichen zu erkennen und zu beweisen, ist ein hartes und zeitaufwendiges Geschäft, seitdem ›Forschung‹ zu einer Art Massensport geworden ist. Und was noch schlimmer ist, viele neue Erkenntnisse passen so gar nicht in unser von Überlieferung und Glauben geprägtes Bild der Welt. Zwischen uns liebgewordenen Vorstellungen und der Realität wächst ein riesiger Abstand, so groß, daß wir die neuen Wahrheiten zwar lernen, aber nicht mehr in unserem Weltbild erfassen können. F. L. Boschke versucht in diesem Buch, dem Leser den einen oder anderen Aspekt näherzubringen, an einigen Beispielen zu zeigen, wo wir umdenken müssen und auf welche Abenteuer wir uns dabei einlassen.

ZUM AUTOR:

Der Diplom-Chemiker Dr. Friedrich L. Boschke arbeitet auf dem Verlagsgebiet. Seine besonderen Interessen spiegeln sich in seinem Hauptwerk wider, das ein Bestseller wurde und in 16 Sprachen übersetzt worden ist: *Die Schöpfung ist noch nicht zu Ende.* Außerdem beschäftigt sich Boschke mit Vulkanismus, Problemen der Evolution und dem Zeit-Phänomen. Weitere Veröffentlichungen: *Erde von anderen Sternen / Der Flug der Meteorite; Die Herkunft des Lebens; Das Unerforschte; Die Umwelt ist kein Paradies.*

Friedrich L. Boschke

Wahrheitssucher

Forscher gegen Phantasten

Mit 23 Abbildungen

Ullstein Sachbuch

Ullstein Sachbuch
Ullstein Buch Nr. 34363
im Verlag Ullstein GmbH,
Frankfurt/M – Berlin

Ungekürzte Ausgabe

Umschlagentwurf:
Elźbieta Woźniewska-Krüger

Mit freundlicher Genehmigung
des Econ Verlags, Düsseldorf und Wien

Printed in Germany 1986
Druck und Verarbeitung:
Clausen & Bosse, Leck
ISBN 3 548 34363 5

Dezember 1986

CIP-Kurztitelaufnahme
der Deutschen Bibliothek

Boschke, Friedrich L.:
Wahrheitssucher: Forscher gegen
Phantasten / Friedrich L. Boschke. –
Ungekürzte Ausg. – Frankfurt/M;
Berlin: Ullstein, 1986.
(Ullstein-Buch; Nr. 34363:
Ullstein-Sachbuch)
ISBN 3-548-34363-5

NE: GT

»Beweisen kann man schließlich alles,
selbst Dinge, die wahr sind.«

Oscar Wilde in
»Das Bildnis des Dorian Gray«

Inhalt

Vorwort

Wir alle sind ständig auf der Suche nach Wahrheit.

Richter, Journalisten und Historiker gehören zu denen, die gewissermaßen hauptamtlich damit beschäftigt sind, herauszufinden, was wirklich geschehen ist. Aber auch Wissenschaftler und Philosophen versuchen, Wahrheiten zu ergründen. Immer ist dieses Geschäft mühsam und nicht frei von Irrtümern. Nur schrittweise kommen wir zu Erkenntnissen und Einsichten, die dann so lange als richtig gelten dürfen, wie kein Widerspruch auftaucht – und leider ist nun einmal unsere Welt voller Widersprüche. Wer auch nur einmal versucht hat, im Kurzwellenradio die internationalen Nachrichten vom Tagesgeschehen auf ihren Wahrheitsgehalt zurückzuführen, weiß, wie sehr auch die einfachsten Fakten verbogen und verlogen werden können.

Dieses Buch versucht, an einigen Beispielen zu zeigen, wie sich unser naturwissenschaftliches Wissen und unsere Kenntnisse entwickelt haben und wie groß die Schwierigkeiten dabei gewesen sind.

Aus der Erfahrung können wir nur eine Regel ableiten, um zu ergründen, was wir für richtig halten dürfen: Was sich nicht in eine gleitende Entwicklung einordnen läßt, ist unwahrscheinlich oder gar falsch. Selbst das, was wir eine Katastrophe nennen – sei sie politisch oder kosmisch –, sie ist stets das Resultat einer logischen Abfolge.

Daß er versucht, das Geschehene zu verstehen und das Künftige vorherzusehen, zeichnet den Menschen aus.

1. Kapitel: Der babylonische Turm

»Wohlauf, laßt uns eine Stadt und einen Turm bauen, des Spitze bis an den Himmel reiche, daß wir uns einen Namen machen.« (1. Mose 11,4)

Wir ahnen es, gelegentlich wissen wir es auch mit Sicherheit, daß wir im Alltag oft beschwindelt, ja, bewußt belogen werden. Jeder hat da seine Erfahrungen gemacht. Was kann man auch schon anderes erwarten, wenn sogar die Inhaber hoher öffentlicher Ämter weder ihre Versprechen an Wähler noch eigene Steuergesetze ernst nehmen? Aber den Forschern, den Naturwissenschaftlern, denen vertrauen wir. Was sie erarbeiten, ist für unseren Alltag ohnehin kaum entscheidend, für unsere Seligkeit ohne Belang und bleibt uns in seiner Bedeutung meist unverständlich. Warum also an den Resultaten der Wissenschaft zweifeln?

Die Wissenschaftler selbst zweifeln natürlich oft an ihren Entdeckungen. Da ist ihre Sorge, ob die Resultate ihrer Mühen nicht schamlos für militärische Zwecke mißbraucht werden können. Doch davon soll hier nicht die Rede sein. Der Zweifel der Forscher gilt zunehmend ihren Arbeiten selbst.

Wir glauben, daß der aufstrebende Turm der wissenschaftlichen Erkenntnis logisch und fehlerfrei sei. Ist er das wirklich? Wächst er, auf soliden Fundamenten ruhend, Stockwerk um Stockwerk gleichmäßig in die Höhe? Gewiß werden nicht alle Gewölbe sofort solide errichtet, ist mancher Bogen nicht so tragfähig, wie er nach außen hin scheint. Doch wer prüft das nach, bevor das nächste Stockwerk begonnen wird? Fehlen nicht gelegentlich sogar tragende Wände, einfach weil es noch keine Meßgeräte gibt, die Sicherheit liefern können?

Die Naturforschung kann nur dort arbeiten, wo sie messen kann; wo sie das nicht kann, bleibt sie Hypothese oder Philosophie. Findet die Philosophie erst Meßmöglichkeiten, wird sie meßbar, dann kommt auch ihr Ende; sie wird zu einer naturwissenschaftlichen Arbeitsrichtung.

Doch auch hiermit wollen wir uns an dieser Stelle nicht näher befassen. Die Frage lautet ganz einfach: Wie wahr sind die Resultate der Forschung? Forscher sind auch nur Menschen, können also irren, bewußt oder unbewußt lügen! Sind, in einer

Zeit, da wissenschaftliches Arbeiten zu einem Massensport ausgeartet ist, nur edle Menschen daran beteiligt?

Schwindeleien in den Naturwissenschaften

Selbst der gute Pater Gregor Johann Mendel (1822–1884), dem wir die nach ihm benannten Mendelschen Vererbungsgesetzmäßigkeiten verdanken – die richtig sind! –, hat geschwindelt, als er sie aus seinen Züchtungsversuchen an Erbsen ermittelte. Wir kennen die Größe seines Brünner Klostergartens, in dem er acht Jahre lang seine Vererbungsexperimente ausführte: Er konnte dort nur so wenige Versuchspflanzen anbauen, daß die statistische Wahrscheinlichkeit, seine berühmten Gesetzmäßigkeiten zahlenmäßig zu belegen, 10 000:1 gegen ihn gestanden haben muß. Mogelei im Dienst der Wissenschaft? Leichtsinn? Laientum? Frommer Selbstbetrug? Mendel hatte jedenfalls Glück, denn bis heute trägt ihm keiner seine wissenschaftliche Fahrlässigkeit nach.

Einen ähnlich leichtfertigen Umgang mit Meßdaten, ja, deren teilweise Hinzumogelei, sagt man sogar dem Begründer des ptolemäischen Weltsystems, dem griechischen Astronomen Claudius Ptolemäus (um 75 n. Chr.), nach. Bis in die Renaissance glaubte man ihm.

Mancher Forscher fiel auch Täuschungen zum Opfer. Da war etwa der Würzburger Professor für Naturgeschichte Johann Bartholomäus Beringer, den drei Bauernjungen im Jahre 1724 an Stellen führten, an denen sich im Muschelkalk um Würzburg versteinerte Vögel, Frösche, Spinnen, Krebse und Blumen finden ließen. Der Herr Professor zahlte gut für solche Funde, veröffentlichte 1726 ein prachtvolles Buch darüber und wollte bis ans Ende seiner Tage nicht glauben, daß zwei seiner Würzburger Kollegen die Anstifter dieses Wissenschaftsbetruges gewesen waren, indem sie ihm gefälschte Fossilien unterschoben. Die ganze paläontologische Wissenschaft geriet ob dieser Affäre lange Zeit in Verruf.

Noch heute ist unbekannt, wer die Wissenschaft mit dem »Piltdown-Menschen« betrog. Die kaum noch zu übersehende Literatur um diesen Fund nahe dem englischen Dörfchen Piltdown läßt sich überhaupt nur begreifen, wenn man sich klarmacht, daß diese Schädelteile 1912 als die Reste des »ersten Engländers« dem Publikum verkauft wurden. Die Deutschen hatten seit 1907 den großartigen »Heidelberg-Menschen«; nun war in England endlich ein Gegenstück gefunden worden! Die Entdecker, Charles Dawson, ein Rechtsberater, und Lewis Abbot, ein Juwelier und Amateurpaläontologe, waren gewiß keine Experten, aber was machte das schon? Ungezählte Veröffentlichungen erschienen.

Bedeutende Wissenschaftler besuchten den Fundort, so der damals noch junge Amateurgeologe Pierre Teilhard de Chardin (der später ein weltberühmter Spezialist der Frühmenschenforschung und Philosoph werden sollte). In Museen und wissenschaftlichen Gesellschaften diskutierte man eifrig über den Fund. Dabei war die ganze Angelegenheit von Anbeginn an dubios: Obgleich an der Fundstelle ganze Hügel von Erde sorgsam durchgesiebt wurden, fand sich an dieser, wie Teilhard meinte, »Schuttabladestelle eines benachbarten Bauernhofes« nichts mehr, was als Knochenrest eines Urmenschen hätte gelten können. Heute wissen wir, daß alle Literatur, die für die Richtigkeit des »Piltdown-Menschen« geschrieben und gedruckt wurde, falsch ist und daß die scharfsinnige Literatur, die gegen ihn verfaßt wurde, unerheblich ist, denn 1954 gelang eine chemische Altersbestimmung, die eindeutig ergab: Diese Knochenreste sind jungen Datums! Es geht das Gerücht, jemand aus dem Britischen Museum hätte die Piltdown-Fälschung begangen, aber wer wirklich die Schuld an diesem Wissenschaftsskandal trägt, ist bis heute unbekannt geblieben. Allerjüngste Untersuchungen schreiben diese Fälschungen keinem geringeren als Sir Arthur Conan Doyle, dem Schöpfer der unsterblichen Sherlock-Holmes-Figur, zu.

Als wissenschaftliche Modetorheit mit nationalistischem Anstrich ist der Piltdown-Streit aber nicht einmal der einzige Fall. Im November des Jahres 1895 hatte der deutsche Physiker Wilhelm Conrad Röntgen (1845–1923) in Würzburg die nach ihm benannten Röntgenstrahlen entdeckt (engl. X-rays). Im Jahre 1901 ehrte man seine Verdienste durch die Verleihung des ersten Nobelpreises für Physik. Da meldete 1903 der französische Forscher René Blandot, er habe eine besondere Art von Röntgenstrahlen entdeckt, die just jene Stoffe durchdringen könnten, die den Röntgenstrahlen Widerstand böten. Er nannte seine neuen Strahlen N-Strahlen. Dutzende von Instituten griffen die neue Entdeckung auf, fanden auch die N-Strahlen, bestätigten ihre physikalischen Eigenschaften und untersuchten ihre Besonderheiten. Wenige Jahre später war alles vorbei. N-Strahlen gab es nicht, sie hatten nur in der Phantasie einiger Dutzend Wissenschaftler bestanden.

Einen fast schon grotesken Fall wissenschaftlicher Fälschung gab es, von der Öffentlichkeit unbemerkt, während des Zweiten Weltkrieges. Ein hochbegabter und fleißiger junger Chemiker aus Deutschland hatte sich in sein Forschungsthema verrannt. Die Arbeit ging ihm nicht schnell genug voran, aber er fühlte, sein Weg war richtig. So zauberte er sich zwischenzeitlich die passenden Messungen zusammen. Erst als einige Resultate bereits gedruckt waren, kam ihm sein Chef auf die Schliche. Sogleich sollte eine weltweite Berichtigung gedruckt werden, aber – an der gleichen Aufgabe arbeitete in England eine große Forschergruppe. So kam von höchster Stelle die Order: Nein! Wenn die Arbeit falsch ist, ist es nur gut. Laßt einige Dutzend Engländer ruhig auf diesem falschen Weg weiter nutzlose Experimente machen! Schlimm genug, daß über dieses Thema überhaupt etwas bei uns gedruckt worden ist. Bringt die Richtigstellung, wenn der Krieg vorbei ist! Und so geschah es dann auch.

Schwierig wird es bei Forschungsprojekten, die in Grenzgebieten liegen. Da hörte man in den sechziger Jahren eine sensationelle Kunde: Das Wissen oder wenigstens das Verhalten von trainierten Tieren kann über ihre Zellextrakte auf untrainierte Tiere übertragen werden, im einfachsten Fall, indem man sie an Artgenossen verfüttert. Das bevorzugte Studienobjekt waren Plattwürmer. Nicht weniger als 14 bedeutende Laboratorien bestätigten die Übertragung von »Gedächtniseffekten«. Alle haben sich geirrt, alle haben sorgsam die gleichen experimentellen Fehler begangen. Unübersehbar war hernach die Enttäuschung, der Verlust an Forscherlebenszeit. Aber wie wird es erst, wenn jemand, der die Sachlage nicht kennt, in der Literatur oder einer elektronischen Datensammlung auf eine der angeblich so wertvollen Arbeiten stößt, ohne zu wissen, daß sich die Angelegenheit als Phantasieblase längst in ein Nichts aufgelöst hat?

Messen ist einfacher als Denken

Die Herausgeber wissenschaftlicher Zeitschriften sind aus solchen und ähnlichen Erfahrungen übervorsichtig, wenn ein Forscher ihnen eine »revolutionäre« Arbeit anbietet. Da ist ihnen oft eine Reihe solider Meßdaten willkommener, selbst dann, wenn ein größerer geistiger Hintergrund fehlt. Allzuoft fragen sie sich dann: Wenn die Meßdaten auch heute nicht so wichtig sind, werden sie nicht doch für eine kommende Forschergeneration nützlich sein können? In Wahrheit ist das nur selten der Fall. So leidet die Wissenschaft unserer Tage unter einer Flut von Meßwert-Veröffentlichungen. Große neue Gedanken und Einfälle sind in ihr selten zu finden. Messen ist eben auch viel einfacher als Denken. Und selbst lange logische Folgen von rein experimentellen Untersuchungen schützen die Wissenschaft nicht vor Betrügern. Als Beispiel sei der Fall des britischen Nachwuchsforschers Dr. Robert Gullis genannt, von dem seine Kollegen meinten, er sei ein »überaus intelligenter und unheimlich fleißiger Wissenschaftler« gewesen.

Die Geschichte beginnt an der Universität Birmingham, wo Gullis von 1971 bis 1974 als Doktorand auf dem Gebiet der Biochemie arbeitete. Seine Resultate paßten ausgezeichnet zu den von anderen Forschern erarbeiteten Vermutungen über einen bestimmten Weg des Hirnstoffwechsels. Derart mit einem guten wissenschaftlichen Ruf ausgerüstet, sollte er als Gast an einem deutschen Max-Planck-Institut in Martinsried bei München seine Arbeiten fortführen. Nun ist es nicht so ganz einfach, Experimente nachzuvollziehen, einer hat halt mehr Geschick zu solchen Tätigkeiten als der andere. Da in der Regel jeder Forscher mit seinen eigenen Arbeiten schon genug zu tun hat, ist kaum jemand geneigt, das zu wiederholen, was sein Kollege ja schon gemacht hat, aber hier war die Situation anders. In Birmingham wollte man nämlich auf den Arbeiten von Gullis weiterbauen, solange der in Deutschland war – und das klappte einfach nicht. Man schrieb ihm, telefonierte, er zeigte sich hilfsbereit, doch alle Mühe blieb vergebens. In Martinsried wollte man auch auf dem Gebiet arbeiten, also mußten die grundlegenden Experimente nachvollzogen werden – auch hier ohne Erfolg. Da sagte man ihm auf den Kopf zu: Sie haben gefälscht, Ihre Veröffentlichungen sind unrichtig! Würde er nun mit einem Versuchsdetail herausrücken, das er für sich geheimgehalten hatte? Würde er den Vorwurf abstreiten? Nichts dergleichen, der junge Forscher bekannte freimütig: »Ich möchte die Tatsache aufdecken, daß in verschiedenen Zeitschriften Arbeiten von mir als Hauptautor veröffentlicht wurden, die unzutreffend sind. Die veröffentlichten Kurven und Meßwerte sind reine Erfindungen meiner Phantasie. Während meiner kurzen Karriere als Wissenschaftler veröffentlichte ich Hypothesen, doch nicht experimentell belegte Ergebnisse.«

Hier war also offenbar wieder einmal ein Mensch von seinen Ideen so überzeugt gewesen, daß er für sie geschwindelt hatte! Wie peinlich aber für seine Kollegen, daß es Jahre dauerte, bis dieser Betrug aufflog.

Eher witzig war ein Schwindel besonderer Art, dessen Grund letztlich vielleicht darin zu suchen ist, daß auch Forscher gerne bequem und ungestört arbeiten möchten. Die Sache begann damit, daß in dem Werk »Amerikanische Männer und Frauen der Wissenschaft« die Biographie eines Forschers mit dem Namen Dr. Isidore Naby erschien. Das war offenbar ein älterer honoriger Gelehrter. Er hatte im Zweiten Weltkrieg in der Tschechoslowakei für das US-Office of Strategic Services gearbeitet und dafür sogar die amerikanische Staatsangehörigkeit erhalten. Er publizierte ganz ohne Zweifel auch gelegentlich hier und dort in einer Zeitschrift, sogar das berühmte britische Fachblatt »Nature« druckte noch 1981 einen von ihm eingesandten Brief ab. Seine wissenschaftlichen Beiträge hatten nur einen einzigen Fehler: Einen Dr. Naby gibt es gar nicht! Seine Biographie ist nichts als ein (schlechter) Spaß von vier US-Universitätsprofessoren, die unter diesem Namen Beiträge zur Evolutionsbiologie veröffentlichten, die im Gegensatz zur landläufigen Meinung standen! Ein extremer Sonderfall?

Vielleicht doch nicht ganz, denn es gab lange Zeit eine Gruppe hervorragender französischer Mathematiker, die ausgezeichnete Beiträge unter dem Namen Nicholas Bourbaki publizierten, was allerdings ihre Kollegen wußten, und wenn eine neue Arbeit unter seinem Namen erschien, war das sogar ein Signal für eine besonders wichtige und grundlegende mathematische Erkenntnis.

Wir mögen fragen, wo hier die Grenze wissenschaftlicher Legitimität überschritten wird und ob es auf einen Namen oder ein Pseudonym mehr oder weniger ankommt, wenn der Wissenschaft ernstlich kein Schaden erwächst. Die Situation ist heute ohnehin nicht mehr überschaubar. Schon 1973 erschien ein Beitrag zur Kernphysik, bei dem 89 Wissenschaftler als Verfasser genannt wurden. Kann dergleichen noch als Teamarbeit angesehen werden? Hat man nicht schon mehr als einmal von Verabredungen gehört, bei denen jeder der beteiligten Forscher sich verpflichtete, grundsätzlich seine Freunde als Autoren mit aufzuführen, damit ihre Gruppe insgesamt genügend Forschungsmittel zugeteilt bekomme?

Wissenschaftliche Notwehr?

Betrug im großen Stil?

Die Verwirrungen, die der Hauptmann von Köpenick anrichtete, waren eine Kleinigkeit, verglichen mit dem wissenschaftlichen Wirken eines jungen Mannes in den USA. Bis heute weiß niemand, woher er kam und welche wissenschaftlichen Qualifikationen er besessen hat. Nur eines ist sicher: Er kannte den modernen Wissenschaftsbetrieb, wie ihn nur ein Insider kennen kann, mit allen Details. Auch was er erreichte, ist zweifelsfrei: Er erkletterte die wissenschaftliche Rangleiter mit atemberaubender Geschwindigkeit, veröffentlichte mehr als 60 wissenschaftliche Arbeiten, wurde Mitglied in elf wissenschaftlichen Gesellschaften und schmückte sich mit etlichen Titeln. Angeblich war er, seinen Namen gab er als Elias A. K. Alsabti an, ein Blutsverwandter der jordanischen Königsfamilie, ein ehemaliger Student einer Hochschule in Basra. Dann wieder wollte er an der Universität Bagdad studiert haben. Seine Bekannten wußten ihn als smart, unternehmungslustig, »reich wie der Teufel« und ernsthaften Laborarbeiter zu rühmen. Und großzügig war er auch im Erfinden von angeblichen Mitarbeitern. Er nannte bei seinen wissenschaftlichen Veröffentlichungen etliche Mitautoren, von denen anzunehmen ist, daß sie nie existiert haben, denn der übrigen wissenschaftlichen Welt sind ihre Namen unbekannt geblieben.

Ein amerikanischer Forscher hat geschildert, wie Alsabti seine US-Karriere begann: Auf einer internationalen Tagung in Brüssel stellte er sich selbst vor als ausgebildeter Arzt aus Bagdad, der gerne in den USA promovieren wolle. Im Sommer 1977 tauchte er dann bei eben diesem Forscher in Philadelphia auf, berichtete, er habe 150 Patienten an Leukämie behandelt, erfolgreich übrigens. Da man kein Interesse an seiner Mitarbeit zeigte, ging er zu einem Kollegen dieses Forschers, und der beschloß, ihm eine faire Chance zu geben. Allein, das Glück dauerte nicht lange, denn Alsabti verschwand rasch wieder, allerdings nicht, ohne einige Manuskriptentwürfe mitzunehmen. Nun ging eine Flut von Alsabti-Manuskripten an eine Großzahl von Zeitschriften in der Schweiz, in Japan, in der Bundesrepublik, in Großbritannien, in den USA und in der Tschechoslowakei – und wurde dort auch prompt gedruckt! Zumindest eine seiner »Arbeiten« ist eine Wort-für-Wort-Übersetzung von einer zwei Jahre vorher in Japan gedruckten wissenschaftlichen Veröffentlichung. Insgesamt sind zumindest fünf seiner Aufsätze wissenschaftlicher Diebstahl, und gut 55 weitere sind dubios nach Inhalt und Herkunft. Die letzte Nachricht von Elias A. K. Alsabti besagt, er habe nun seiner Titelliste vermutlich auch noch den Doktortitel einer Universität in der Karibik anfügen können.

»Er ist kreativ, intelligent, ehrlich, ein brillianter Forscher«, das war die Meinung vieler Kollegen des Herzspezialisten J. R. Darsee vom Harvard Medical College. Aber am 21. Mai 1981 wurde ihm nachgewiesen, daß er ein Tierexperiment in wenigen Stunden ausführte, aber notierte, es während zweier Wochen durchgeführt zu haben. Nun, man nahm es vorerst nicht zu tragisch, sagt doch ein altes Wort: »Einmal ist keinmal.« Doch bei genauerer Prüfung von Darsees Veröffentlichungen zeigten fünf von ihnen »Unregelmäßigkeiten«, dann kam ein Dutzend seiner weiteren Publikationen in Verdacht, und endlich wurde die Vermutung laut, daß Darsee vielleicht schon als Student experimentellen Ergebnissen nachgeholfen hat. Manches, was er veröffentlichte, ist einfach zu schön, um wahr zu sein.

Doch was soll es? Es gibt bereits Fälle, in denen Forscher seitenweise und wortwörtlich Arbeiten von Kollegen abgeschrieben und unter dem eigenen Namen veröffentlicht haben.

Studium, Ausbildung und Forschung sind heute nicht nur rein akademische Faktoren. Sie sind auch finanzielle, ja volkswirtschaftliche Probleme. Daher ist es besonders fatal, wenn sich Arbeiten, die mit erheblichen Finanzmitteln gefördert worden sind, am Ende als unzureichend erweisen. Einige Beispiele dazu:

J. Long, ein Forscher, mit 75 000 Dollar ausgestattet, fälschte sieben Jahre lang am Massachusetts General Hospital Daten; seine Arbeiten erwiesen sich später als wissenschaftlich wertlos.

V. Soman, ein Inder, der an der Yale Medical School war, fälschte Messungen, entwendete seinen Kollegen Ausarbeitungen, so daß elf von ihm angeblich stammende Veröffentlichungen zurückgezogen werden mußten, und das alles bei einem Forschungsstipendium von 100 000 Dollar allein im Jahre 1980.

In Österreich kam es 1977 zu einem Skandal, als dort ein Mikrobiologe und seine Mitarbeiterin angaben, einen Mikroorganismus gefunden oder zumindest demnächst in Händen zu haben, der Kunststoffe abbauen könne. Eine holländische Verpackungsfirma hatte dieses Projekt mit Beträgen von etlichen hunderttausend Mark gefördert. »Irrtümer sind immer möglich, selbst Wissenschaftler und Politiker können Fehler begehen«, sagte der Forscher, als er angeklagt wurde.

Daß ein einzelner Forscher die in ihn gesetzten Erwartungen gelegentlich enttäuscht, nun, das ist gelegentlich wohl unvermeidlich. Wenn aber ein »Großforschungsprojekt« seine Aufgabe nur bedingt erfüllt, so gibt das doch ernsthaft zu denken. Da besteht in Heidelberg ein weltbekanntes »Krebsforschungszentrum«. Es kam vor einigen Jahren ins Gerede, und wie das bei solchen Gelegenheiten eigentlich immer sein sollte (es sei hier als sehr positiv vermerkt), wurde es von einem internationalen Stab von Wissenschaftlern geprüft. Schließlich ging es um mehr als 1000 Institutsmitarbeiter und etwa 90 Millionen DM Jahresetat. Das Resultat war wenig befriedigend: »Wir finden jedoch, daß ein großer Teil dieser Forschungsarbeit nicht kreativ und kaum geeignet ist, mit der schnellen Entwicklung neuer Trends Schritt zu halten.« Und über die Forscher selbst konnte man lesen: »In einem der Institute stand unserer Meinung nach etwa ein Drittel der Veröffentlichungen in keinem erkennbaren Zusammenhang mit der Krebsforschung, noch beinhalteten diese Arbeiten wesentliche Beiträge zur biologisch-medizinischen Wissenschaft.« Weiter hieß es: »Einige unter ihnen (haben) im Laufe der letzten zehn Jahre weniger als eine Veröffentlichung pro Jahr herausgebracht.« Ob solche Zählerei von Schreibarbeiten ein Maß für wissenschaftliche Leistung ist, sei dahingestellt. – Wohlgemerkt, hier ist nicht von Fehlern, Irrtümern oder gar strafbaren Dingen die Rede, sondern das Resultat lautet schlicht: Mit dem Geld und den Mitarbeitern hättet ihr mehr leisten müssen!

Viel schlimmer wurde eine andere »Teamarbeit«, sogar gerichtlich, beurteilt. Es ging um das DDT. Ohne jeden Zweifel hat dieses gegen die Malariamücke gezielte Insektizid Hunderttausende von Menschen vor Krankheit, Siechtum und Tod bewahrt. Doch aus »Umweltgründen« – einige Tierarten waren vermutlich reduziert worden, kein Mensch aber an vernünftigem DDT-Gebrauch gestorben oder auch nur ernsthaft erkrankt – sollte das DDT international verboten werden. Drei US-Wissenschaftler mit achtbaren Namen nahmen den Kampf gegen die »Umweltschützer« auf, ein Insektenspezialist, ein Mediziner und ein Biologe; drei Professoren von hervorragenden Hochschulen. In ihren Vorträgen gerieten sie auf Glatteis, stellten vielleicht fragliche Zusammenhänge schief dar, schossen über das Ziel hinaus. Wer möchte hier richten? Als aber die »New York Times« die drei weitgereisten Professoren »bezahlte Lügner« nannte und die drei Wissenschaftler daraufhin eine Beleidigungsklage anstrengten – verloren sie den Prozeß. Offenbar hatten sie von der Industrie Geld, es mit der Wahrheit aber eben nicht immer so genau genommen.

Wir berühren hier, nur vorsichtig und aus der Ferne, das Gebiet, auf dem Industrie-, Behörden-, Politiker- und Forschungsinteressen kollidieren: das Gutachterwesen! Es ließe sich über Gutachterfehler, Irrtümer, gezieltes gegenseitiges Mißverstehen, offenes Unverständnis und Überforderung leicht ein Buch schreiben, das sehr, sehr vielen die Schamröte ins Gesicht treiben müßte.

Und der brav steuerzahlende Laie steht verwirrt dabei und finanziert alles, so wie eh und je . . .

Wir fragen dennoch, wie viele angeblich wichtige Forschungsresultate sind wirklich wahr, möglicherweise bedeutsam, zumindest aber neu? Einen Anhaltspunkt dafür können uns die Chemiker liefern. Sie sind in der glücklichen Lage, ein Instrument zu besitzen, in dem jede auch nur halbwegs wichtig scheinende neue organisch-chemische Verbindung, die sie herstellen, nicht nur notiert, sondern wissenschaftlich-kritisch gewertet wird: Es ist das vor rund 100 Jahren begründete und seither ununterbrochen weitergeführte »Handbuch der organischen Chemie« von Friedrich Beilstein, kurz »Der Beilstein« genannt. Wenn man weiß, daß allein auf dem Gebiet der Chemie jährlich etwa 350 000 Veröffentlichungen erscheinen, kann man begreifen, welche enorme Arbeit da geleistet werden muß. Das Ergebnis der Beilstein-Untersuchung war erstaunlich: Von 24 Veröffentlichungen über eine Verbindung während zehn Jahren war eines der Resultate längst bekannt. Drei Arbeiten über die Substanz waren Doppelveröffentlichungen, sieben bei kritischer Nachschau nicht dokumentationswürdig. Es blieben also nur 13 von den 24 Arbeiten übrig. Bald zeigte es sich, daß generell fast nur die Hälfte aller wissenschaftlichen Veröffentlichungen in der organischen Chemie wirklich bedeutsam ist, ja, daß in Extremfällen nur ein Zehntel in dieses Handbuch aufgenommen werden kann.

Auf anderen Forschungsgebieten dürfte die Lage wohl ähnlich sein. Wie es wirklich um die aktuelle Forschung steht, wird in etwa 20 Jahren jedermann leicht prüfen können. Dann werden nämlich die in unseren Tagen gegründeten elektronischen Dokumentations- und Datenbanken so viel Vergleichsmaterial enthalten, daß man sekundenschnell Autoren, Themen und Resultate vergleichen kann. Nun wird sich zeigen, wer von wem abgeschrieben hat, wessen Arbeiten falsch sind und wer nur dasselbe untersuchte wie Kollegen vor ihm. Sicher wird es zu gerichtlichen Auseinandersetzungen kommen – schließlich geht es ja auch stets darum, wer Geld für seine Forschung bekommt –, und dann endlich wird gewiß die heute brandende Woge wissenschaftlicher Veröffentlichungen wieder normale Ausmaße annehmen. Wenn heute ein Forscher seine Artikel gedruckt sehen möchte, so findet er dazu immer noch eine Zeitschrift oder ein Mitteilungsblatt, egal wie seine Resultate auch beschaffen sein mögen. Sogar Pseudowissenschaftler mit Hypothesen, die nach dem gegenwärtigen Stand unseres Wissens mit allen Naturgesetzen unvereinbar sind, finden immer noch Möglichkeiten, sich in Szene zu setzen.

». . . daß wir uns einen Namen machen«, wie es bereits das Alte Testament so treffend sagt. Und wenn sie nichts anderes tun, als die Körner eines beliebigen Sandhaufens exakt zu zählen.

Sir John C. Eccles, der 1903 in Melbourne/Australien geborene Nobelpreisträger für Medizin (1965), faßte die Erfahrungen seines Forscherlebens in dem pessimistischen Satz zusammen: »Viele der sogenannten wissenschaftlichen Veröffentlichungen (sind) nur eine Anhäufung von Beobachtungen, die oft mit den kompliziertesten und teuersten Geräten gemacht wurden, denen aber jede wissenschaftliche Bedeutung zu fehlen scheint.«

Es gibt wohl keinen Zweifel daran, daß in neuerer Zeit wissenschaftliche Veröffentlichungen zu Hunderten erschwindelt, »geschönt«, ja, zusammengelogen worden sind. Was wir bisher registrieren, ist nur die Spitze eines Eisberges. Dazu kommen die ungezählten wissenschaftlichen Arbeiten, bei denen Forschern Irrtümer unterliefen, Meßfehler oder Rechenfehler gemacht wurden, Apparate unbemerkt versagten, sich Druckfehler in die Veröffentlichungen einschlichen, an sich richtige Resultate falsch gedeutet wurden, das Untersuchungsmaterial verwechselt oder falsch behandelt wurde und so fort.

Mancher meint, daß Menschen, eben auch Forscher und Gelehrte, nun einmal gelegentlich irren müssen und auch größte Sorgfalt davor nicht immer schützen kann. Doch da sind auch Meßgeräte, die, je stärker sie automatisiert sind, gelegentlich unsinnige Werte liefern.

Wenn die Situation so ist, wie weit darf dann unser Zweifel, nicht nur an der modernen Forschung, sondern an unserem Wissensstand gehen? Sehen wir uns beispielsweise einmal an, wie es um die Ur-Teilchen unserer Welt bestellt ist.

2. Kapitel:
Dem Ur-Teilchen der Schöpfung auf der Spur

Die Bibel erzählt, am Anfang habe Gott Himmel und Erde geschaffen. Denken wir nur an die uns vertraute Erde, so zergliedern wir sie sofort in Landschaften, Berge, Felsen, Steinstücke, Sand und so weiter, in immer kleinere Teilstückchen. Welches ist nun das kleinste, elementare Teilchen?

Was Empedokles lehrte

Die ersten Vorstellungen darüber verdanken wir dem griechischen Philosophen Empedokles. Er muß ein sehr seltsamer Prophet gewesen sein. Angeblich verkündete er, er werde an einem bestimmten Tage gen Himmel fahren und vergöttlicht werden, und um das wahr zu machen, soll er rechthaberisch in einen Krater des Ätna gesprungen sein. Ob er es wirklich tat, wissen wir nicht, wie wir überhaupt nicht allzuviel von ihm wissen. Geboren ist er um das Jahr 490 v. Chr. in Agrigent/Sizilien, und um 430 v. Chr. soll er seinen Sprung in die Ewigkeit getan haben. Er hat sich politisch betätigt, galt als eine Art Wunderheiler, wußte bereits, daß das Herz das Zentrum des Blutkreislaufs ist, dachte über Entwicklungsprobleme der Welt nach und überlegte eben auch, woraus denn die Welt wohl letztlich bestünde. Seine Lehre besagt: Aus vier Grundstoffen, aus Erde, Wasser, Luft und Feuer.

Erde, Wasser und Luft kommen in vielen Schöpfungsmythen vor. Auch das Feuer, die Flamme, scheint zunächst kaum besonders originell, wird doch das Feuer vielerorts als göttliches Geschenk gerühmt. Aber diese vier »Elemente« erlauben es, in ihrer Kombination eine Art wissenschaftliches System, ein Lehrgebäude, zu errichten:

Feuer und Luft geben die Eigenschaft: warm,
Wasser und Luft geben den Eindruck: feucht,
Erde und Wasser bedeuten: kalt,
Feuer und Erde vermitteln das Gefühl: trocken.

Vier mit den menschlichen Sinnen wahrnehmbare Erfahrungen ließen sich somit ableiten. Das ist doch schon ein Resultat!

Das System ließ sich dann sogar auch noch leicht abbilden und jedermann anschaulich verständlich machen:

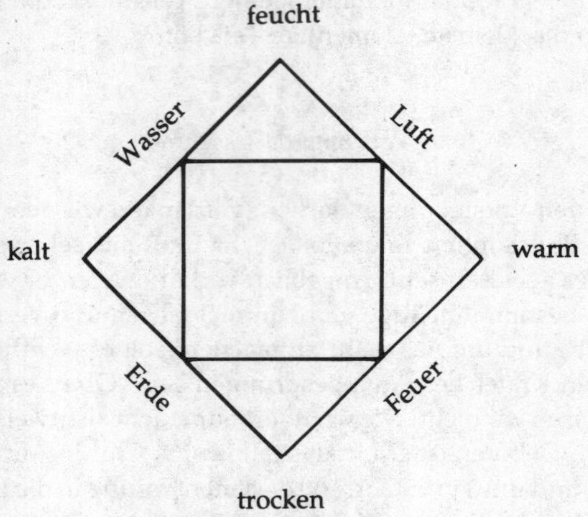

Vier Schöpfungselemente, dazwischen vier Charakteristika – konnte man noch mehr daraus machen? Kalt und warm waren Gegensätze, ebenso feucht und trocken, das war leicht einzusehen. Ebenso sicher standen sich aber auch Feuer und Wasser als Gegenpole ebenso gegenüber wie Erde und Luft. Ließen sich die vier Grundelemente vielleicht ineinander umwandeln? Vielleicht, indem man Kälte, Hitze, Trockenheit und Feuchtigkeit richtig anwendete? Ließ sich zum Beispiel Erde in Wasser, das Wasser in Luft und weiter die Luft in Feuer verwandeln? Diese Frage nach der Umwandelbarkeit von Grundelementen hat sich über die Alchimisten des Mittelalters, das Elementsystem der Chemiker und die Suche der Kernphysiker nach den Urbausteinen der Materie bis in unsere Tage fortgesetzt. Ein klein wenig sind wir alle noch Empedokles-Nachfolger.

Im ersten Augenblick merken wir es kaum, doch tatsächlich umschließt das von Empedokles entwickelte System die vielleicht größte Revolution unseres Weltbildes: Alle Schöpfungsgeschichten berichten nämlich vom Werden einer statischen, unveränderlichen, einer »heilen« Welt. Ein oder mehrere Götter haben sie in grauer Vorzeit geschaffen und eingerichtet, und so, wie sie fertig ist, wird sie ewig bleiben, unveränderlich. Nun hieß es seit Empedokles, daß aus vier Grundelementen alles geschaffen sei, und weitere Umwandlungen ließen sich nicht mehr ausschließen. Die Welt von heute und gestern mußte nicht mehr die Welt von morgen sein!

Leider enthielt das System einen geradezu tragischen Fehler: das Feuer! Gewiß: es war eine großartige Naturerscheinung, elementar im besten Sinne des Wortes. Stammte es nicht auch tatsächlich von den blitzeschleudernden Göttern? Blitze hatten Wälder und Steppen in Brand gesetzt, nun wußte der Mensch es auch künstlich zu entfachen. Da war sie, die geheimnisvolle, leuchtende und wärmende Flamme, hell auflodernd aus brennendem Holz. Frei entfaltete sie sich, fast wie ein lebendes Wesen, zweifellos göttlich. Vom verglühenden Holz blieb die Asche zurück. Holz war wohl Feuer plus Asche, Feuer also das vierte Element.

Erde, Wasser und Luft, diese »Elemente« waren jedenfalls nicht zu bezweifeln, waren spürbar, greifbar; war das Feuer eine Art geistiges Prinzip? Wenn wir heute die Elemente des Empedokles in unsere Begriffswelt einfügen wollen, so können wir »übersetzen«:

Die Erde mit den festen Stoffen entspricht
dem festen Aggregatzustand,
das Wasser und andere Flüssigkeiten entsprechen
dem flüssigen Aggregatzustand,
die Luft und andere Gase entsprechen
dem gasförmigen Aggregatzustand.

Aber das Feuer, das paßt auch in unsere heutigen physikalischen Systeme nicht hinein. Kein Wunder, daß dieses vierte Element des Empedokles zu falschen Theorien, irrigen Vorstellungen und endlosem Gelehrtengezänk führte. Bis (fast) in unsere Tage, bis zum Jahre 1772!

Nun, ein wissenschaftliches Konzept muß nicht gleich in allen Einzelheiten vollkommen sein. Empedokles ist kein Vorwurf zu machen, alles wäre gewiß sogar bald vergessen gewesen, aber da kam ein Mann, der als der Universalgelehrte seiner Zeit gelten durfte, ein Verfasser von rund 150 Schriften, Mathematiker, Biologe und Physiker, Begründer einer Hochschule in Athen, kurz, eine Persönlichkeit, deren Lehrsätzen jahrhundertelang niemand zu widersprechen wagte: der griechische Philosoph Aristoteles. Er übernahm die Lehre des Empedokles von den vier Elementen. Als alle Elementvorstellungen sich längst gewandelt hatten, spukte »das Feuer« immer noch durch die Köpfe, unausrottbar.

Um begreifen zu können, wie so etwas in den Naturwissenschaften möglich gewesen ist, müssen wir uns etwas näher mit der Lebensgeschichte dieses Denkers befassen; er war wirklich ein außerordentlicher Mann, mit einer Breite des Wissens, die uns baß staunen läßt.

Aristoteles ist in Stagira (Nordgriechenland) im Jahre 384 v. Chr. geboren. Sein Vater war der Leibarzt des Königs Amyntas II. von Makedonien. Die Eltern starben früh, und so wuchs Aristoteles bei Freunden der Familie auf. Als Siebzehnjährigen finden wir ihn in Athen als Schüler des berühmten Philosophen Plato. Im Jahre 343, also als reifen Mann, ruft man ihn nach Makedonien, um dort den fünfzehnjährigen Königssohn Alexander zu erziehen, der uns später als Alexander III. oder Alexander der Große bekannt wird. Nach Athen zurückgekehrt, gründet Aristoteles dort eine eigene Schule. Da er seine Reden in einer Halle nahe dem Tempel des Gottes Apollo Lykeios hält (Aristoteles soll übrigens gelispelt haben), nennt man das Gebäude das Lykeion oder Lyzeum; die »höheren Töchterschulen« wurden noch in unserem Jahrhundert so genannt.

Die Wissenschaft verdankt Aristoteles viel:

Er bemüht sich um eine Klasseneinteilung des Tierreiches.

Er begründet die mathematische Logik.
Er entwickelt astronomische und physikalische Gesetzmäßigkeiten,
und er ist der Meinung, die Erde habe die Form einer Kugel.

Selbstverständlich paßt das vielen Athener Zeitgenossen nicht. Im Jahre 322 v. Chr. verläßt Aristoteles daher Athen. Vielleicht ist er besorgt, das gleiche erleben zu müssen wie Sokrates, den man nach sorgsamer demokratischer Abstimmung 399 v. Chr. in Athen zum Tode durch den Schierlingsbecher verurteilt hat. 322 v. Chr. ist Aristoteles in Chalkis auf der Insel Euböa gestorben.

Einem Wissenschaftler von so hohen Graden darf man gelegentliche Irrtümer zugestehen, verhängnisvoll war nur sein von Empedokles übernommener Glaube, das Feuer sei tatsächlich ein Grundelement des Weltaufbaues, denn was der große Aristoteles als eine Art göttliche Wissenschaftsautorität gesagt hatte, das blieb für ungezählte Generationen nach ihm so gut wie ein Naturgesetz selber.

Die Alchimisten

Was Aristoteles gelehrt und geschrieben hatte, wurde im Orient verbreitet, von den Gelehrten Ägyptens übernommen, kam mit den Arabern in den Westen ihres Weltreiches und von dort nach Europa. Auf diesem Weg ging einiges verloren, anderes wurde hinzugefügt. Was blieb, war der Glaube, daß es möglich sein müsse, aus den in der Natur vorhandenen Stoffen die Grundelemente herauszuholen und sie dann durch weitere »Operationen« zu neuen Stoffen zu vereinigen. Wir erkennen hier bereits die Grundkonzepte unserer modernen Chemie, die analytische Trennung und das Prinzip der Synthese.

Wie aber waren die reinen Stoffe zu gewinnen, wie waren sie umzuwandeln? Bald bildete sich dazu ein Wissen, das mit vielerlei philosophisch-mystischen Vorstellungen verknüpft war. Die Umwandlungsprozesse, die man in Tiegeln und Retorten beobachtete, wurden mit Symbolen beschrieben und von magischen Handlungen begleitet. Alle nur zu beschaffenden Metalle, Mineralien, Laugen und Säuren, menschliche und tierische Produkte sowie vielerlei Pflanzen und Säfte wurden »zur rechten Stunde« in abenteuerlichen Mischungen gekocht und zusammengeschmolzen. Das der Meinung nach schlechteste Metall, das Blei, schien ebenso faszinierend wie das silberperlende Quecksilber.

Die große Zeit der Alchimie begann.

Sollte es nicht möglich sein, aus unedlen Dingen bessere herzustellen, etwa aus Blei Gold zu machen? War es nicht denkbar, einen Lebensstoff zu finden, der ewige Jugend schenken würde? Wem würde es als erstem gelingen, die Urmaterie, gar den »Stein der Weisen« zu finden? So experimentierte man im Verborgenen, in düsteren Kellern und Gewölben, und hielt seine Experimente geheim. Bald wurden die Rezepte für den eigenen Gebrauch festgehalten, die Substanzen dabei nur verschlüsselt genannt oder in Symbolen niedergeschrieben; wir stehen hier am Beginn der chemischen Formelschreibweisen.

Nach uralten chaldäischen Spekulationen waren bestimmte Metalle mit Göttern verbunden, Göttern, die mit Planeten identifiziert werden konnten. Dem Gold waren die Sonne und der Sonnengott und also auch der Sonntag verbunden. Zum Quecksilber gehörten der Gott Merkur, der Planet Merkur und der Mittwoch. Das rote Kupfermetall verband sich im alchimistischen Denksystem der Göttin Venus, ihrem Planeten und dem Wochentag Freitag. Wenn man mit einem Experiment Erfolg haben wollte, so galt es, alles das wohl zu bedenken. Es erwuchs eine Lehre, in der religiöse, astrologische und chemische Einflüsse seltsam verbunden waren. Wollten die Alchimisten etwa Zinn und Kupfer in einem Schmelztiegel vereinen, sie eine »chemische Hochzeit« feiern lassen, so wurden dabei zwei Gottheiten vereint, und es galt, die Tage der beiden Metalle, Donnerstag und Freitag, sowie ihre astrologische Konstellation zu beachten, sollte sich der Erfolg einstellen.

Da hieß es etwa, der persische Magier und Zauberer Ostanes (wir kennen aus dem Mithras-Heiligtum in Duro/Syrien ein Bildnis, das ihn darstellen soll) habe das Rezept für ein »göttliches Wasser« gegeben. Dieses Wasser sollte Tote wiederauferstehen lassen, Lebende sterben lassen, Blei das Aussehen von Gold geben und allerlei anderes können. Hier nun ein Auszug aus dem wundertätigen Rezept: Ein Pfund frische Eier »von der Schlange des Eichbaumes«, die im August in den Bergen des Libanon, des Olymps oder des Taurus zu finden ist, sind in ein irdenes Gefäß zu tun. Dazu kommt etwas heißes »göttliches Wasser« (woher man es nehmen soll, wenn man es noch nicht hat, bleibt unklar). Dieses soll viermal »zur himmlischen Region« aufwallen, bis ein purpurfarbenes Öl abdestilliert werden kann. Inzwischen vereinigt man Bergflachs (13 Unzen), Purpurschneckenblut (9 Unzen) und Sperbereier, die bei den Zedern des Libanon zu finden sind und die von der »goldgeflügelten Art« stammen müssen (5 Unzen), in einem steinernen Mörser und destilliert das Gemisch siebenmal in einer gläsernen Retorte. Nun vereinigt man das zuerst gewonnene purpurfarbene Öl damit und löst während dreier Tage (offenbar einen Stoff heraus). Jetzt muß der so gewonnene Stoff nur noch einen Tag und eine Nacht in einem irdenen Gefäß in Meerwasser versenkt werden, dann hat man das vollkommene »göttliche Wasser« hergestellt.

Es wäre verfehlt zu glauben, die Alchimisten wären reine Scharlatane gewesen, die auf Dummenfang ausgingen. Ihre Arbeit galt einer religiös-mystischen Vorstellung, war eine Art weltanschauliche Experimentierkunst. Daß sie darüber hinaus chemische Kenntnisse erwarben, diffus und aus unserer Sicht nur schwierig nachzuvollziehen, war ein Nebenergebnis ihrer Arbeiten.

Ein wichtiges Experiment

Mit welchen gedanklichen Schwierigkeiten die Anhänger der Lehre des Empedokles und Aristoteles zu kämpfen hatten, läßt sich gut an den Arbeiten des Flamen Johann Baptist van Helmont (geb. 1577 in Brüssel, gest. ebenda im Jahre 1644) zeigen. Van Helmont war für seine Zeit eine Art Revolutionär. So trat er der Meinung entgegen, Tiere bestünden letztlich aus Schwefel, Quecksilber und Salz. Was das Leben betraf, so glaubte er andererseits noch an die »Urzeugung«: Mäuse könnten beispielsweise aus Weizen entstehen. In die Chemiegeschichte ist van Helmont, der übrigens Arzt war, als der Entdecker des Kohlendioxids eingegangen, das er »Holzgas« nannte. Er dürfte wohl auch als erster »Gas« – ein Wort, das er prägte – von »Luft« unterschieden haben.

Das Wasser schien ihm der große Grundstoff zu sein. Aus dieser Vorstellung erwuchs auch sein bekanntestes Experiment: Er trocknete eine bestimmte Menge Erde, wog sie, füllte sie in einen verzinnten Kessel und pflanzte in den Kessel eine junge Weidenpflanze, die er zuvor ebenfalls exakt gewogen hatte. Etwa fünf Jahre wurde die Pflanze nun nur mit Regenwasser begossen. Als er sie aus dem Kessel hob, die gesamte Erdmenge wieder trocknete und wog, waren das kaum 50 g Erde weniger. Die Weide aber brachte nun viele Kilogramm mehr auf die Waage. Also war aus dem Gießwasser »Erde«, nämlich die Pflanze, geworden. Die Weide ließ sich verbrennen, enthielt also »Feuer«, gab dabei Rauch ab, also »Luft«, etwas »Wasser«, und das, was als Asche verblieb, war »Erde«. Gab es einen besseren Beweis für die Lehren des Empedokles und Aristoteles?

Ob dieses sorgsam erdachten und musterhaft ausgeführten Versuches wird van Helmont oft »Vater der Biochemie« genannt. Eine gewisse Tragik mag darin liegen, daß er, der Entdecker des Kohlendioxids, die »Luft« nicht untersuchte. Möglicherweise hätte er dann den Schluß gezogen: Die Gewichtszunahme der Weide beruhte auf ihrer Kohlendioxidaufnahme aus der Luft. Damit wäre sein Name ohne Zweifel als Entdekker der pflanzlichen Kohlendioxid-Assimilation heute noch in allen Lehrbüchern zu finden.

Weiter verfeinerte sich die Experimentierkunst, und wieder war es ein Arzt, der Leibarzt des Preußenkönigs Friedrich Wilhelm I., der aus Ansbach stammende Georg Ernst Stahl (1660–1734), der das rätselhafte Feuer-Flammen-Phänomen einen Schritt vorantrieb – in eine chemisch zwar nützliche, aber leider falsche Richtung. Seine Behauptung hieß: Brennbare Substanzen enthalten einen Feuerstoff, eine Stoffart, die er »Phlogiston« nannte. Mit dieser These ließen sich nun fast alle bekannten chemischen Umsetzungen erklären. Sie war ja auch überaus leicht zu demonstrieren, denn man brauchte ja nur ein Stück Kohle zu verbrennen, die verbleibende Asche war ein kleiner, leichter Rest: Das »Phlogiston«, der Feuerstoff, war entwichen!

Auch alle damals bekannten chemisch-technischen Prozesse ließen sich nach Stahls »Phlogiston«-Theorie verstehen. Dichterisch hat Friedrich Schiller, als er 1799 seine Ballade »Das Lied von der Glocke« schrieb, die Phlogiston-Theorie so ausgedrückt:

»Nehmet Holz vom Fichtenstamme,
doch recht trocken laßt es sein,
daß die eingepreßte Flamme
schlage zu dem Schwalch hinein!»

Die »eingepreßte Flamme« – das war das Phlogiston.

Schiller wußte es nicht besser, aber in Wahrheit war die Phlogiston-Theorie 1799 nur noch von historischem Interesse. Bereits 27 Jahre zuvor hatte ein genialer Franzose, Antoine Laurent Lavoisier, der Alchimie das Ende bereitet. 1743 als Sohn einer wohlhabenden Rechtsanwaltsfamilie in Paris geboren, begann er zwanzigjährig mit seinen grundlegenden Experimenten.

Über das genaue Datum, an dem er eine neue Epoche der Naturwissenschaften einleitete, läßt sich streiten. Vermutlich hat er bereits am 20. Oktober 1772 bei der Französischen Akademie der Wissenschaften ein Dokument hinterlegt, in dem zu lesen ist, daß Phosphor beim Verbrennen nicht leichter wird (Phlogiston verliert), sondern »bei seiner Verbrennung Luft absorbiert« (wir würden heute sagen: Sauerstoff aufnimmt), das heißt schwerer wird!

Auf die Guillotine!

Eine weitere große Entdeckung kommt Lavoisier zu. Ihm gelang es erstmals, Wasser in Wasserstoff und Sauerstoff zu zersetzen (in einem glühendheißen Flintenlauf) und dann aus den Zersetzungsprodukten wieder Wasser zu synthetisieren. Von seinen Erkenntnissen ist hier sein Satz zu zitieren:

». . . denn nichts wird neu erschaffen, weder in den künstlichen Operationen noch in den natürlichen, und man kann den Grundsatz aufstellen, daß bei jeder Operation die Menge der Stoffe vor und nach der Operation gleich groß ist.«

Wenn uns dieser Satz heute allzu selbstverständlich erscheint, so zeigt dies, welche grundlegenden Erkenntnisse wir Lavoisier zu verdanken haben.

Er arbeitete an vielerlei Projekten. So wollte er die chemische Nomenklatur verbessern, die noch mit Begriffen wie »geflossenes Weinsteinöl«, »Spiesglasbutter«, »Pompholix« oder »Atembrotsalz« arbeitete, als die Französische Revolution ausbrach und ihn, der 1768 eine halbe Million Franken in ein dem Volk verhaßtes Steuereintreibungsunternehmen gesteckt hatte, bedrohte. Vielleicht wäre sein Schicksal anders verlaufen, hätte er nicht 1780 einen Journalisten namens Jean-Paul Marat, der sich mit einem sehr dubiosen Schriftsatz über die Natur des Feuers um die Aufnahme in die Französische Akademie der Wissenschaften bewarb, zurückgewiesen. Mit dem Ausbruch der Revolution wurde Lavoisiers Laboratorium geschlossen, beschlagnahmt, er selbst verhaftet und von dem nunmehrigen »Revolutionsführer« Marat angeklagt. Lavoisier, so hieß es, habe dem Volk den Tabak verwässert. Zwar wurde sein Ankläger im Juli 1793 selbst ermordet, doch das konnte den Lauf der Dinge nicht mehr aufhalten: »Die Republik braucht keine Wissenschaftler«, erklärte sein Richter in Paris, eine demokratische, dem Volkswillen entsprechende Feststellung – wie beim Todesurteil gegen Sokrates (280 gegen 220 Stimmen) in Athen. Ein Begnadigungsgesuch wurde abgelehnt, und so starb der vielleicht größte Forscher, den Frankreich je besaß, am 8. Mai 1794 als ein sinnloses Opfer der Guillotine. Die französische Forschung hat den Tod der damals vernichteten Elite lange nicht mehr aufholen können.

Ein Engländer brachte dann die Suche nach den Grundbausteinen der Elemente weiter voran.

Die Atome der Chemie . . .

Wann John Dalton in Eaglesfield (Cumberland) geboren wurde, wissen wir nicht genau, denn seine Eltern waren Quäker, und die meldeten damals Geburten nicht amtlich an. Vermutlich ist er im Septemer 1766 geboren. Er starb, mit hohen Ehren und glanzvollen Titeln versehen, 1844 in Manchester.

Seine Arbeiten sind vielseitig, so notierte er 57 Jahre täglich Wetterbeobachtungen; aber wir müssen nicht auf alle seine wissenschaftlichen Arbeiten in Einzelheiten eingehen. Auch war seine bemerkenswerte Aussage, von der wir hier sprechen wollen, nicht einmal neu, sondern ging sogar auf den alten griechischen Philosophen Demokrit (470 bis etwa 380 v. Chr.) zurück, aber daß Dalton nun – im richtigen Augenblick – die alte These aufgriff und richtig formulierte, darin liegt seine große Leistung.

Demokrit hatte überlegt, was geschieht, wenn ein Stück Materie immer weiter zerkleinert wird. Ein Experiment dazu lag ihm fern, er war ein Denker – das genügte damals. Auch von uns kann sich das ja jeder vorstellen. Nehmen wir zum Beispiel einen Brocken gelben Schwefel. Wird er zerschlagen, so erhalten wir zuerst einige Bruchstücke. Aus ihnen wird ein Grus, aus dem Grus Staub, dann hauchfeine Teilchen, und endlich wird etwas bleiben, das nicht weiter zu zerkleinern ist. Das ist immer noch Schwefel. Diese Partikelchen, endlich so klein, daß kleinere gar nicht mehr vorstellbar sind, die hatte Demokrit »unteilbar«, griechisch »atomos«, genannt. Alles, aber auch wirklich alles, unser Denken, selbst die Götter eingeschlossen, meinte Demokrit, bestünde letztlich aus nichts anderem als »Atomen«, wie wir heute sagen. Auch die Schöpfung des Weltalls war schon für Demokrit nichts als eine Wirbelbewegung von Atomen.

Nun verknüpfte Dalton die Spekulationen Demokrits mit Gedanken Lavoisiers, prüfte sie am chemischen Wissen seiner Tage und fand: Alles paßt zusammen!

Da gab es eine Anzahl bekannter Gase, ihren Eigenschaften nach offenbar aus kleinen Teilchen bestehend. Diese Teilchen konnten zerlegt, ihre Bestandteile aber immer nur in ganzzahligen Werten neu vereinigt werden. Also mußte wohl schließlich alle Substanz aus solchen kleinsten Teilchen bestehen. Doch wie waren diese Atome zu unterscheiden? Dalton kannte das bereits von van Helmont gefundene Kohlendioxid sehr gut und nahm an, es könne aufgrund von Gewichtsverhältnissen aus einem Kohlenstoffteilchen und zwei Sauerstoffteilchen bestehen – was, wie wir wissen, absolut richtig ist. Dann aber lag also der Unterschied unter den Atomteilchen in ihrem Gewicht! Diese Theorie verkündete Dalton im Jahre 1803, und ein Buch darüber folgte: »Ein neues System des chemischen Teiles der Naturwissenschaft«. Dalton hat der Chemie damit das bis in unsere Zeit gültige Konzept der Elemente und Atome geschenkt; seine Arbeiten füllten ihn so sehr aus, daß er, wie er selbst immer wieder sagte, keine Zeit zum Heiraten fand.

Bis in unser Jahrhundert hat es allerdings honorige Wissenschaftler gegeben, die »die Sache mit den Atomen« nicht recht glaubten. Bekannt geworden ist das Wort des Schweizer Chemikers Chr. F. Schönbein, der 1853 in einem Gespräch mit Justus von Liebig sagte: »Geht mir weg mit eire Atome. Warum gibt's net Atome so groß wie Leberklöß, daß mer se de Leite weisen kann?«

In einem Chemiebuch, das 1925 erschienen ist, findet man die Sätze: »In der Chemie spricht man von Elementen. Darunter versteht man Stoffe, die sich allen chemischen Zerlegungskünsten zum Trotz nicht mehr in Stoffe mit anderen Eigenschaften zerlegen lassen. Von solchen Elementen kennt man etwa neunzig.« Die Sicherheit, mit der hier gesprochen wird, zeigt, daß inzwischen etwas Erstaunliches geschehen war. Etwas, das aber auch sogleich ein bedrückendes neues Problem auf der Suche nach dem Ur- und Grundstoff der Welt aufwarf.

... lassen sich ordnen!

Begonnen hatte die Angelegenheit als eine ganz und gar unglaubliche Geschichte im Jahre 1862. In diesem Jahre nämlich schrieb ein französischer Geologe, A.-E. Bequyer de Chancourtois (1820–1886), alle ihm bekannten chemischen Elemente, nach dem Atomgewicht geordnet, auf einen Papierstreifen und wickelte ihn schräg ansteigend um einen Zylinder. Das Resultat war verblüffend: Die chemisch einander ähnlichen Elemente standen plötzlich senkrecht untereinander! Niemand konnte das begreifen, und niemand verstand ihn.

Ein englischer Chemiker, J. A. R. Newlands (1838–1898), versuchte zwei Jahre später etwas ähnliches, kam zum gleichen Ergebnis – und wurde von einer Versammlung von Chemikern, denen er darüber berichtete, ausgelacht.

Offenbar sind, wie im täglichen Leben, so auch in der Wissenschaft, gelegentlich mehrere Anläufe notwendig, um ein Ziel zu erreichen. Den dritten Anlauf unternahm ein Russe, eine der erstaunlichsten Gestalten der neueren Wissenschaftsgeschichte und zweifellos auch eine der bedeutendsten: Dimitrij Iwanowitsch Mendelejew. Es gibt einige Bilder von ihm, so ein Foto, aufgenommen, als er 1887 nach einem Ballonaufstieg zur Beobachtung einer Sonnenfinsternis wieder glücklich gelandet war: Unter breiten, buschigen Augenbrauen hervor, langhaarig bis tief auf den Rücken, mit einem den Mund fast verdeckenden Vollbart, blickt er den Betrachter an. Zusammen mit einer breiten Stirn und einer großen, wohlgeformten Nase bietet er das Bild eines außerordentlichen Mannes. Über seine Herkunft wissen wir relativ wenig. Als er 1834 in Tobolsk (Sibirien) geboren wird, ist sein Vater Rektor einer Schule; seine Mutter, aus einem sibirischen Kaufmannsgeschlecht stammend, hat ihn entscheidend gefördert. Den ersten Chemieunterricht soll er von einem politisch Verfolgten erhalten haben, den die zaristische Justiz in seine Heimatstadt verbannt hatte. Nach erfolgreichem Schulbesuch studiert er bei dem damals schon hochberühmten Chemiker Robert Wilhelm Bunsen in Heidelberg. In Petersburg erhält er einen Lehrstuhl für Chemie und schreibt ein Lehrbuch, das recht originell ist, denn es enthält eine Unzahl langer, kleingedruckter Nebenbemerkungen. 1891 wird dieses russische Lehrbuch auch in die deutsche Sprache übersetzt. Es enthält auf der Seite 682 den grundlegenden Satz: »Es ist daher am natürlichsten, nach einer Abhängigkeit zwischen den Eigenschaften und Ähnlichkeiten einerseits und den Atomgewichten der Elemente andererseits zu suchen.«

Obgleich Mendelejew erst 66 chemische Elemente kennt, gelingt es ihm, diese Elemente in ein System einzuordnen; heute ist es als »das Periodensystem« jedem Chemiker bekannt. Sein System ist in sich logisch – aber für einige Plätze gibt es damals noch kein passendes chemisches Element!

Und nun zeigt sich sein Wagemut: Mendelejew behauptet kühn, für diese Stellen muß es in der Natur noch Elemente geben, wir haben sie nur noch nicht entdeckt! Er geht sogar noch einen Schritt weiter, aus der Periodizität seines Systems sagt er bereits 1869 voraus, welche Eigenschaften die noch fehlenden Elemente haben müssen, ja, er gibt ihnen sogar vorläufige Namen! Russischer Mystizismus? Nein, seine Vorhersagen werden in den Folgejahren in großartiger Weise bestätigt. Als 1955 das 101. Element entdeckt wird, nennt man es ihm zur Ehre Mendelevium.

Das Leben großer Forscher ist oft voller Tragik. Nur ein Jahr, nachdem Mendelejew sein Periodensystem der chemischen

Elemente veröffentlicht hat, erscheint 1870 eine Mitteilung des deutschen Chemikers Julius Lothar Meyer (1830–1895), Professor in Karlsruhe, der, unabhängig von Mendelejew, ein ganz entsprechendes System der Anordnung der Elemente gefunden hat. Die Lehrbücher der Chemie widmen ihm kaum eine Zeile. Dabei hat er, so ganz nebenher gewissermaßen und nicht nur mit seinem Buch »Die modernen Theorien der Chemie«, 1864 erschienen, grundlegende Beiträge zu dem Teil der Chemie geleistet, der heute, aus den USA nach Deutschland rückimportiert, »Theoretische Chemie« genannt wird.

Strahlen aus Uran

Das Ergebnis der Suche nach dem Grundbaustein der Welt war bis hierher enttäuschend. Da hatten nun Philosophen und Forscher mehr als 2000 Jahre gegrübelt und experimentiert, hatten den Elementbegriff gewandelt, hatten nebenbei die Chemie zu einer exakten Wissenschaft entwickelt, aber was hatte man damit erreicht? Man hatte zwar einige Dutzende von Elementen entdeckt, nicht jedoch den einen Urstoff, den man so sehr erhofft hatte. Verbarg er sich in den Einheiten der Abstände des Periodensystems der Elemente? Waren die wirklichen Elemente unserer Welt vielleicht noch kleiner als die Atome der Chemiker?

Die Natur selbst hatte den Weg zur Antwort auf diese Fragen bereits gewiesen. Wie so oft in der Forschung stand am Anfang ein Irrtum.

Der französische Physiker Antoine Henri Becquerel (1852–1908) tat genaugenommen nichts, was außergewöhnlich gewesen wäre. Er setzte nur bereits von seinem Vater, ja, vielleicht schon von seinem Großvater begonnene Untersuchungen über die Lichtstrahlenaussendung (Fluoreszenz) bestimmter Stoffe fort. Aber soeben hatte da doch Wilhelm Conrad Röntgen in Würzburg eine neue Art von Strahlen gefunden, wie waren die einzuordnen? Becquerel hoffte, hier neue Anregungen zu finden. Er nahm verschiedene Stoffe, legte sie auf die damals in der Fotografie üblichen Glasplatten, die er in schwarzes Papier gewickelt hatte, und setzte sie dem Licht der Sonne aus. Vielleicht würde das Sonnenlicht die Stoffe zur Aussendung von Strahlen anregen, die das schwarze Papier durchdringen und einen schwarzen Fleck auf der Fotoplatte erzeugen könnten? Einer der Stoffe, mit denen er zu arbeiten pflegte, war eine Uranverbindung. Als er die Platten entwikkelte, waren tatsächlich schwarze Flecken deutlich erkennbar. Also war seine Hoffnung richtig gewesen, waren vom Sonnenlicht Röntgenstrahlen in seiner Verbindung erzeugt worden – so glaubte er zunächst.

Voll Begeisterung entwickelte er auch einige Fotoplatten, die er dem Sonnenlicht nur wenig ausgesetzt hatte, der Himmel war einige Tage bewölkt gewesen. Die Platten trugen ebenso schwarze Flecken – also konnte es nicht am Sonnenlicht liegen. Dann blieb nur eine Möglichkeit: Seine Uranverbindung selbst sandte eine Strahlung aus, die den Röntgenstrahlen ähnlich war. Im Februar des Jahres 1896 entdeckte Becquerel so eine Erscheinung, die wir heute Radioaktivität nennen. Er untersuchte die bislang unbekannte Strahlung, fand, daß sie von einem Magnetfeld abgelenkt werden konnte, schloß daraus, daß sie aus elektrisch geladenen Teilchen bestehen müsse, und endlich gelang ihm der Beweis, es muß sich um Elektronen handeln. Elektronen, das war bereits bekannt, sind winzige, elektrisch geladene Teilchen, nur 1/1837 so schwer wie ein Wasserstoffatom, wie das kleinste chemische Element. Und, kein Zweifel, diese Elektronen konnten nur aus dem Inneren der Uranatome stammen. Folglich waren die Atome nicht unteilbar, sie mußten eine innere Struktur besitzen, sie zerfielen sogar von selbst.

Die Beobachtung Becquerels, der 1903 den Nobelpreis für Physik erhielt, wurde sogleich in vielen Laboratorien nachgeprüft. Von den Wissenschaftlern, die die Arbeit vorantrieben, sind vor allen anderen das französische Ehepaar Pierre und Marie Curie und der englische Physiker Ernest Rutherford zu nennen. Sie entdeckten, daß die Uran-Mineralien nicht nur Elektronen aussenden, die man β (Beta)-Strahlen nannte, sondern auch α (Alpha)-Strahlen und γ (Gamma)-Strahlen. Diese Strahlenvielfalt war leicht zu unterscheiden:

α-Strahlen	konnten nicht einmal Papier durchdringen und erwiesen sich in einem Magnetfeld als positiv geladen (Helium-Atomkerne),
β-Strahlen	gingen noch durch eine dünne Metallfolie hindurch,
γ-Strahlen	gingen, wie Röntgenstrahlen, noch durch dickere Metallschichten.

Es war Rutherford, der diese α-, β-, γ-Bezeichungsweise einführte; doch den ersten großen Schritt in dieses Neuland machte Marie Curie: Sie fand heraus, daß es Uran-Mineralien gibt, die stärker strahlen, als es ihrem Urangehalt entspricht!

Wie sollte das möglich sein?

Ein Leben für das Radium

Marie Curie war eine fanatische Arbeiterin. 1867 in Warschau als Marie Sklodowska geboren, hatte sie früh die Eltern verloren, war nach Paris gegangen und hatte sich dort ihr Studium erhungert; sie soll einmal vor Hunger ohnmächtig geworden sein. 1895 heiratete sie den französischen Chemiker Pierre Curie – und ging mit ihm per Fahrrad auf die Hochzeitsreise; für Trauringe hatte beider Geld sowieso nicht gereicht.

Das erste Ergebnis ihrer Untersuchungen war, daß zusätzlich zu dem Uran in den Mineralien auch das darin enthaltene Element Thorium eine Strahlung aussandte. Doch das reichte nicht. Gab es in den Mineralien noch weitere strahlende, »radioaktive« (dieses Wort wurde von Frau Curie eingeführt) Elemente?

Im Juli 1898 entdeckte das Ehepaar in den Uranerzen ein zuvor unbekanntes, neues strahlendes Element, es wurde zur Ehre von Frau Curies Heimatland »Polonium« genannt und füllte eine der immer noch vorhandenen Lücken in Mendelejews Periodensystem. Polonium strahlt so intensiv α-Teilchen aus, daß man es im verdunkelten Zimmer in seinem eigenen bläulichen Licht fotografieren kann.

Doch es blieb dabei, die starke Strahlung einer bestimmten Erzart konnte so immer noch nicht befriedigend erklärt werden. Ein halbes Jahr später war es dann soweit, das so intensiv strahlende Element wurde entdeckt und ihm ein Name gegeben: Radium! Wo aber gab es genügend radiumhaltiges Erz, um dieses Element auch in sichtbaren Mengen zu isolieren? Abfallhalden des Erzes lagen in Böhmen, in Joachimsthal, wo seit dem Mittelalter Silberbergbau betrieben wurde. Man war dort sogar bereit, das Erz dem Ehepaar kostenlos in beliebiger Menge zu geben. Nur, wer sollte die Transportkosten bis Paris übernehmen? Die Curies ließen sich ihre Lebensversicherung ausbezahlen und schafften das Material in ihr Laboratorium. Im Jahre 1902 hatten sie ein zehntel Gramm Radium in Händen und schließlich sogar aus 8000 Kilogramm Joachimsthaler Erz ein volles Gramm isoliert.

Mit Becquerel gemeinsam wurde ihnen 1903 dafür der Nobelpreis für Physik zuerkannt. Im Jahre 1910 erhielten sie für die Entdeckung des Poloniums und Radiums auch noch den Nobelpreis für Chemie – aber da war Pierre Curie bereits tot, Opfer eines tragischen Verkehrsunfalls (1906). Marie Curie war in ihren letzten Lebensjahren Leiterin des Pariser Radium-Institutes. Sie starb 1934 an Leukämie – hervorgerufen durch zu starke radioaktive Strahlungen, denen sie sich bei ihrer Arbeit ausgesetzt hatte.

Als Einheit der Radioaktivität wurde das »Curie« eingeführt. Ein Stoff hat die Aktivität von einem Curie, wenn von ihm in einer Sekunde (!) 37 Milliarden Atome strahlend zerfallen. Diese Aktivität besitzt ein Gramm Radium.

Ernest Rutherford (geboren 1871 in Brightwater/Neuseeland, gestorben 1937 im englischen Cambridge) sollte seine größten Triumphe feiern, als er der Frage nachging: Was kann man mit der neuen radioaktiven Strahlung anfangen? Vorerst aber versuchte er erst einmal aufzuklären, was denn die α-Strahlen wirklich sind. In der Luft verschwinden sie schon nach wenigen Zentimetern, werden von ihr gebremst und gestoppt. In einem Magnetfeld bewegen sie sich entgegengesetzt zu den elektrisch negativen Elektronen, müssen also eine positive Ladung besitzen.

Um 1908 war es Rutherford klar: Es sind positiv geladene Atome des Elementes Helium. (Daß sich bei ihrer Ausstrahlung jeweils ein Uran-Atomkern in das Element Thorium umwandelt, sollte erst später deutlich werden.) Die Heliumatome werden vom Uran mit einer Geschwindigkeit von etlichen tausend Kilometern pro Sekunde ausgestoßen.

Was geschieht mit ihnen, wenn sie durch eine dünne Metallfolie fliegen? Gold läßt sich zu dünnsten Folien verarbeiten, so dünn, daß Licht grün hindurchscheint. Rutherford ließ α-Strahlen auf Goldfolien treffen, sie gingen durch die Folien hindurch und wurden dabei nur wenig aus ihrer Flugrichtung abgelenkt. Genau das hatte er erwartet. Doch halt! Gelegentlich waren die α-Strahlen auch weit von der Durchtrittsstelle entfernt nachzuweisen.

Was hatte sie aus ihrer Bahn geworfen? Die Atome eines Elementes – so meinte Rutherford noch – sind doch nichts als etwas, das wie positive Elektrizität ist und in dem es auch Elektronen gibt. Wenn nun die α-Strahlen hier und dort schräg aus der Folie herauskamen, dann –

– ja, dann mußte es in diesen Atomen etwas geben, das sie ablenkte, sogar zurückprallen ließ. Und dieses Etwas mußte sehr klein sein, sonst würde nicht die Hauptmenge der α-Strahlen die Goldfolie, eine Mauer aus Atomen, geradeswegs durchdringen können. Ja, und dann mußte dieser rätselhafte

Inhalt der Atome auch noch sehr massiv sein, denn sonst könnten die α-Strahlen beim Aufprall nicht so stark abgelenkt werden.

Was blieb zu tun? Zählen, rechnen, denken.

Der Erste Weltkrieg unterbrach die Arbeit, doch danach konnten die Arbeiten fortgesetzt werden. Das erste neue Resultat war, daß man gelegentlich, wenn man die α-Strahlen auf Stickstoff treffen ließ, auch den Kern eines Wasserstoffatoms, ein »Proton«, erhielt. Ein Stickstoffatom mußte also zertrümmert worden sein. Die Zeitungen berichteten ihren Lesern: Atomspaltung! Atomenergie ist zu gewinnen!

Die Physiker waren wie im Rausch!

Und wenn man Beryllium, ein leichtes, silberglänzendes, sprödes Metall, bestrahlte, dann erhielt man sogar noch eine neue Art von Strahlen! Die Theoretiker bezweifelten, daß es eine Strahlung sei. Was war es dann? Waren es Strahlen wie die γ-Strahlen, oder waren es bisher unbekannte Teilchen? Die Physiker in Cambridge lösten das Rätsel: Es mußten Teilchen sein, im Prinzip den Protonen entsprechend, aber während das Proton eine positive elektrische Ladung trägt, waren diese neuen Teilchen elektrisch neutral, waren »Neutronen«.

Was waren Neutronen? Bestanden sie vielleicht aus einem Proton plus einem Elektron, das die positive Ladung neutralisierte? Und woher hatte das Proton seine positive Ladung? Gab es auch so etwas wie positive Elektronen, sie sollten dann »Positronen« heißen.

Nach wenigen Jahren wußte man es mit Sicherheit:

1) In allen Atomen der chemischen Elemente ist ein Kern, ein winziges Etwas, das die Masse des Atoms ausmacht. Der österreichische Physiker Otto Robert Frisch (er sollte später mit seiner Tante Lise Meitner zur Erklärung der von Otto Hahn und Fritz Strassmann chemisch nachgewiesenen Uranspaltung Wesentliches beitragen) drückte es so aus: Wenn wir uns ein Atom zur Größe eines Busses vergrößert denken, so ist der Atomkern so groß wie ein i-Punkt.

2) Es gibt folgende »Elementarteilchen«: Protonen, Neutro-

nen, Elektronen, Positronen (s. Tabelle Seite 59). Aus diesen Teilchen sind alle chemischen Elemente zusammengesetzt.

Ebenso wie einst die Chemiker die »Elemente« der alten griechischen Philosophen mit ihren »chemischen Elementen« verdrängt hatten, ebenso hatten nun die Physiker dem Element begriff eine neue Form gegeben: Vier elementare Teilchen bauen die Welt auf. Endlich wußte man es also.

Die Frage nach dem Urstoff der Schöpfung schien beantwortet.

Und wieder eine neue Vorstellung . . .

Im nächsten, letzten Schritt war nun nur noch ein Schema zu entwickeln, wie denn das Material unserer Welt aus diesen vier Atombausteinen aufgebaut sei. Niels Bohr, ein Kopenhagener Physiker, in seiner Jugend begeisterter Fußballspieler in der dänischen Nationalmannschaft, nun wohlbeleibt und im Aussehen eher einem Bauern als einem exzellenten Denker ähnlich, schuf 1913 die erste Vorstellung vom Aufbau der chemischen Elemente, das nach ihm benannte »Bohrsche Atommodell«. Niels Bohr (1885–1962) war der Sohn eines Professors der Philosophie. Er hatte unter anderem auch bei Rutherford studiert. Sein Atommodell sah so aus:

Jedes Atom enthält im Innern einen winzigen Kern, der so viele Protonen (also positiv geladene Elementarteilchen) enthält, wie es seinem Platz im Periodensystem der Elemente entspricht; dazu kommen zunehmende Mengen von Neutronen. Um diesen Kern kreisen auf bestimmten berechenbaren Bahnen ebenso viele Elektronen, wie der Kern positive Ladungen enthält. Die außenliegenden Elektronen bestimmen die chemischen Eigenschaften des Elementes. Bohrs Kopenhagener Institut für Theoretische Physik wurde nach dem Bekanntwerden seines Atommodells für Jahrzehnte zum Mekka der Atomphysiker. Weitgehend finanziert hat es übrigens der Bierbrauer C. Jacobsen in Kopenhagen.

In den folgenden Jahrzehnten konnte Bohrs Modell zwar verfeinert werden, doch bis heute ist es für den chemischen Praktiker immer noch eine brauchbare Denkhilfe.

Wirklich alles schien zufriedenstellend geordnet zu sein. Nur ein vertracktes Problem war mit dieser Vorstellung verbunden: In dem winzigen Atomkern sollten, dicht bei dicht gepackt, positive elektrische Ladungen liegen, und jedermann weiß doch, daß gleiche Ladungen sich gegenseitig abstoßen. Mußte da ein Atomkern eigentlich nicht auseinanderfliegen? Was hielt ihn dennoch stabil? Irgendein System mußte die positiven Ladungseinheiten beisammenhalten, eine bisher unbekannte Kraft. Viel wurde über diese rätselhafte »Kernkraft« spekuliert. Wirklich, man saß wieder einmal in der Klemme. Die »Kernkraft« mußte, wenn es sie gab, einerseits enorm stark sein, andererseits sich aber auf den kleinen, engen Raum des Atomkernes beschränken. War das nicht ein neuer Widerspruch in sich?

. . . und ein neues Rätsel

Ein japanischer Physiker bot endlich einen Vorschlag zur Lösung dieses Problems an. Hideki Yukawa (geboren 1907 in Kyoto) hatte bei seinem Vater, der eine Professur für Geologie an der Universität seiner Geburtsstadt innehatte, studiert, wurde dann sein Assistent und promovierte dort schließlich auch im Jahre 1938. Sein Interesse aber galt den Atomkernen, und so entwickelte er bereits 1935, noch als Student, eine revolutionäre und zunächst gänzlich verwirrende Vorstellung über das »Innenleben« der Atomkerne.

Sein Einfall beruhte auf der Erkenntnis Albert Einsteins (1879–1955), nach der eine Masse einer Energie entspricht und beide ineinander umwandelbar sind: Die »Kernkraft« solle in einer Bindungsenergie liegen, die jeweils wechselnd in einem Proton und einem Neutron vorhanden sei, beim entsprechenden Überwechseln aber momentan einem Masseteilchen entspräche. Eine Vorstellung, die sich eher kurios als vernünftig anhörte und außerdem den Einwand herausforderte, daß ein entsprechendes Teilchen unbekannt sei. Immerhin, rechnerisch konnte man der Sache ja einmal nachgehen, wobei sich ergab, das Teilchen müsse etwa ein Neuntel der Protonen- bzw. Neutronenmasse besitzen, anders ausgedrückt, rund 200mal so schwer sein wie ein Elektron. Ein Name für ein solches Zwischenteilchen bot sich leicht an, nach dem griechischen Wort mit der Bedeutung »dazwischen«: »Meson«. Der experimentelle Nachweis aber schien hoffnungslos, schien unmöglich.

Doch gerade in diesem Augenblick kam die Natur den Kernphysikern zu Hilfe. In unserer Milchstraße gibt es die sogenannte »kosmische Strahlung«; ihre Herkunft ist bis heute nicht völlig geklärt, vermutlich entstammt sie den kosmischen Prozessen, in denen die chemischen Elemente entstehen. Bei der Registrierung kosmischer Strahlung (wie wir jetzt wissen, enthält sie auch fast alle chemischen Elemente) wurde nun, nur ein Jahr nach dem Bekanntwerden von Yukawas Vorstellungen, darin ein Teilchen entdeckt, das tatsächlich schwerer als ein Elektron und leichter als ein Proton war! Hoch beglückt glaubten die Wissenschaftler in der ersten Freude, damit sei Yukawas abenteuerliche Vorstellung halbwegs bewiesen. Dann aber mußten sie erkennen, daß man zwar einem neuen Teilchen auf der Spur war, aber dieses Teilchen doch nicht die Eigenschaften besaß, die es nach Yukawa hätte haben müssen. Es war einfach zu leicht, hatte nicht die Masse, die es hätte haben sollen. Aber vielleicht gab es in der kosmischen Höhenstrahlung noch ein anderes, ein passenderes Teilchen? Die Forscher gaben nicht auf.

Im Jahre 1947 hatten sie Erfolg: Der englische Physiker C. F. Powell entdeckte ein weiteres Meson, das exakt allen Ansprüchen von Yukawas Theorie entsprach. Man gab ihm den Namen Pi-Meson (kurz »Pion«), im Unterschied zu dem zuerst gefundenen, leichteren Mü-Meson (kurz »Müon«). (Pi und Mü sind Buchstaben des griechischen Alphabets.) Pion und Müon sind nur winzige Bruchteile einer Sekunde existent.

Im Jahre 1949 wurde Yukawa als erstem Japaner der Nobelpreis (für Physik) verliehen; seine Theorie war anerkannt.

Und nun auch noch Antiteilchen!

Nun schien – wieder einmal! – alles seine Ordnung zu haben: Der Atomkern war also aus Protonen und Neutronen aufgebaut, zwischen denen Pionen hin- und herflogen.

So meinte man.

In Wahrheit stand die Welt kurz vor einigen Entdeckungen, die das wohlgeordnete Bild der Elementarteilchen dann restlos durcheinanderwirbeln sollten. Es gab da nämlich eine weitere Theorie, die recht vernünftig klang: Man kannte nun etliche negativ geladene Teilchen, die das negativ geladene Elektron gewissermaßen als Grundbaustein enthielten. Ebenso gab es positiv geladene Teilchen, zu denen als kleinste Einheit das mittlerweile (1932) gefundene positiv geladene Elektron, das Positron, gehörte, das anfangs Anti-Elektron genannt wurde. Durfte man da nicht darüber nachdenken, ob es nicht generell zu jedem Teilchen, wie immer es auch geladen sein mochte, ein Antiteilchen geben müsse? War nicht überall in der Natur Symmetrie beobachtet worden? War nicht die Symmetrie eine Art ungeschriebenes Naturgesetz?

Betrachten wir das Geschehen einmal im Detail. Da haben die Physiker auf einigen hohen Bergspitzen kleine Experimentiervorrichtungen aufgebaut, sogenannte »Nebelkammern«. Das sind schlicht gesagt Kästchen, in denen sie für Bruchteile von Sekunden eine übersättigte Wasserdampfatmosphäre erzeugen können, so daß ein in diesem Moment in den Apparat eintretendes Teilchen der kosmischen Strahlung längs seines Weges eine Nebelspur hervorruft. Wann das passiert und ob und wie das kosmische Teilchen im Apparat vielleicht einen Atomkern trifft, alles das bleibt dem Zufall überlassen. Nicht einmal die Art der zumeist sehr hohen Energie des aus dem Weltraum ankommenden kosmischen Strahlungsteilchens können die Physiker vorhersagen. Was die Forscher nur können, ist, die Bahnen der kosmischen Teilchen, feine Nebellinien, zu fotografieren. Dann haben sie noch die Möglichkeit, ein Päckchen Fotoplatten an einen Ballon zu hängen, den Ballon bis in die Stratosphäre aufsteigen zu lassen, den später wieder niedergegangenen Ballon aufzusuchen und zu sehen, ob und welche Spuren die kosmische Strahlung eventuell auf den Fotoplatten hinterlassen hat.

Was immer an bereits bekannten und unbekannten und eben vielleicht sogar Antiteilchen, geladen oder ladungslos, in der energiereichen kosmischen Strahlung vorkommt, kann also fotografisch festgehalten werden. Die Längen und Formen der Teilchenbahnen lassen sich vergleichen. Wenn man aber tatsächlich etwas Neues entdeckt, so ist dies ein reiner Zufall. Die Versuchsbedingungen bestimmt nicht der Forscher, sondern allein die Natur. Also muß ein neuer Gedanke her, ein Gerät muß gebaut werden, mit dem bestimmte Teilchen mit vorgegebenen Energien auf vorherbestimmte Atomkerne treffen können. Es galt, geladene Teilchen zu produzieren und sie in Bewegung zu setzen. Wie das geschehen kann, weiß im Prinzip jeder Schüler, und jeder Physiklehrer kann es demonstrieren. Es genügt beispielsweise, in eine Salzlösung zwei Elektroden zu hängen, und schon bewegen sich die geladenen Teilchen (Ionen) in der Lösung zu den entgegengesetzt geladenen Elektroden. Natürlich bewegen sich die Teilchen im Wasser langsam. In einer luftleeren Röntgenröhre dagegen fliegen Elektronen mit erheblich größerer Geschwindigkeit zum positiv geladenen Pol. Was man braucht, ist also ein möglichst hohes elektrisches Spannungsfeld und eine sehr lange Flugbahn im luftleeren Raum, damit die geladenen Teilchen hohe Geschwindigkeiten, also hohe Energien, erreichen können.

Die großen Maschinen

Dieses Problem war schon bald und sogar auf zweierlei Weise lösbar: Einmal, indem man geladene Teilchen in sehr langen

Vakuumröhren im Hochspannungsfeld beschleunigte, zum anderen, indem man sie mit Hilfe starker Magnetfelder auf einer spiralförmigen Bahn, im Cyclotron, beschleunigte. Nun war es möglich, frei gewählte geladene Teilchen, etwa Protonen, bis auf fast Lichtgeschwindigkeit »zu bringen«, ihnen also präzise Energiemengen zu geben. Und es gelang auch der zweite Schritt: sie auf bestimmte Materialien zu lenken.

Der Zweite Weltkrieg kam, doch als er vorüber war und alle Welt nur noch von Atomen und Atombomben sprach, da begann für die Atomphysiker eine glorreiche Zeit. Nun durften sie fast unbegrenzt große Teilchenbeschleuniger bauen, und die Erforschung des Atominneren begann in großem Stil.

Eine riesige Beschleunigungsanlage wurde in der Nähe von Genf errichtet. Die Ausmaße dieser »großen Maschine« lassen sich in wenigen Zahlen darlegen:

Gründungsbeschluß:	1951
Beteiligung:	12 europäische Länder (BRD mit 25 Prozent)
Erste Versuche:	3. Mai 1976
Kosten:	mehr als 1200 Mill. Schweizer Franken
Größe:	2,2 km Durchmesser
Verfügbare Energie:	400 000 000 000 eV = 400 GeV, d. h., die Teilchen lassen sich so stark beschleunigen, als ob sie eine elektrische Spannung von 400 Milliarden Volt durchlaufen hätten, das Vielfache der Spannung eines starken Gewitters mit entsprechenden Blitzen.
Jahresbudget (1980):	ca. 600 Millionen Schweizer Franken
Beschäftigte (1980):	5000 bis 6000 Mitarbeiter
Leistung:	Es wird Energie in Materie verwandelt, d. h., es entstehen aus der eingebrachten Energie Materieteilchen!

Aber zufrieden sind die Physiker damit noch nicht. Sie arbeiten nun an einer Anlage, die zehn Kilometer Durchmesser haben soll und die zumindest eine Milliarde Schweizer Franken kosten dürfte. Die Anlage wird so groß sein, daß sie »grenzüberschreitend« nur noch zu einem Drittel auf Schweizer Boden und zu zwei Dritteln in Frankreich liegen wird!

Der Steuerzahler, der heute in fast allen Ländern der Erde solche oder ähnliche Forschungsstätten finanziert, fragt gelegentlich: Wozu? Was habt ihr Kernphysiker auf meine Kosten gefunden? Wie viele Elementarteilchen der Natur gibt es nun wirklich, was sind sie, wozu sind sie von Nutzen?

Der wachsende »Teilchen-Zoo«

Ob solcher Fragen ringen die Kernphysiker verzweifelt die Hände. Sie kennen nun etliche Hunderte von »Elementarteilchen«, und fast jede Woche kommt eines hinzu! Ihr »Teilchen-Zoo«, wie sie ihn nennen, umfaßt Teilchen und Antiteilchen mit so unterschiedlichen Eigenschaften, daß sie selbst kaum noch in der Lage sind, zu überschauen, wo sich auch nur Ansätze zu einer Systematik dafür finden. Um die seltsamen Eigenschaften der Teilchen wenigstens benennen zu können, haben sie Sprachregelungen getroffen, haben sie Kunstwörter geschaffen, die es erlauben, einige der sonst unbeschreibbaren Winzigst-Teilchen zu Gruppen zusammenzufassen. In dieser Wirrnis werden sie von den Theoretikern ihres Faches fortgetrieben zu immer neuen, verblüffenden, ja, dem normalen Verstand unbegreiflichen Vorstellungen und Möglichkeiten.

Ein einziges Beispiel sei genannt: Man fragt, gibt es »Tachyonen«? Nehmen wir an, es werde Tachyonen geben, Teilchen, die schneller als das Licht fliegen, so verschwimmen die Begriffe Vergangenheit und Zukunft, so müssen sie beim Auftreffen auf Materie nicht gebremst, sondern weiter beschleunigt werden; falls sie aber mit der uns bekannten Materie gar nicht in irgendeine Wechselwirkung treten, so ist es noch schlimmer: Tachyonen wären für uns nicht nachweisbar, könnten aber dennoch vorhanden sein!

Noch nie war die Frage, ob und welche Elementarteilchen unsere Welt aufbauen, so verwirrend und unklar wie heute. Möglicherweise erscheint demnächst ein genialer Kopf, der mit einem Einfall, einem Gedanken alles (wieder einmal) auf eine begreifbare Basis zurückführt. Bis dahin sind wir auf immer neue Experimente angewiesen.

Und wo bleibt der Nutzen? Bislang ist nirgendwo ein greifbarer Nutzen zu sehen – doch wie sollte das auch möglich sein, wenn man noch mitten in einem Forschungsvorhaben steckt, dessen Ende nicht abzusehen ist? Zunächst gilt das Motto: Auf nichts ist Verlaß.

Geblieben ist nur eine Erkenntnis: Unser Weltaufbau enthält eine Symmetrie der Erscheinungen, die unserer menschlichen Denkweise sehr entgegenkommt, mögen wir nun physikalisch, philosophisch oder theologisch die Welt betrachten.

Zeittafel: Von den Elementen zu den Elementarteilchen

um 500 v. Chr.	In Griechenland und im alchimistischen Zeitalter:	Feuer, Wasser, Luft und Erde
um 1900	In der Chemie:	92 chemische Elemente
um 1930	In der Physik:	Proton, Neutron, Elektron
ab 1950	In der Kernphysik:	Proton/Antiproton, Neutron, Neutrino/Antineutrino, Elektron/Positron, vielerlei Mesonen; Baryonen- und Leptonen-»Familien«, Quarks, Rishonen usw. Weit mehr als 500 »Elementarteilchen« werden diskutiert. Grundlegende Zweifel tauchen auf.

3. Kapitel:
Auf dem Weg ins Weltall

Hat die Suche nach immer kleineren Elementarteilchen überhaupt noch einen Sinn? Oder ist sie reinster Selbstzweck geworden? So fragen heute sogar schon manche Physiker. Immer größere und kostspieligere Maschinen, um immer kleinere und »uninteressantere« Teilchen aufzuspüren? Was wird denn am Ende herauskommen? Doch wohl nur eine mathematisch-physikalische Gleichung, die der Fachmann gerade noch fließend lesen kann, die aber sonst niemandem etwas bedeutet. Ob es möglich ist, irgendwo und irgendwie ein neues, winziges, vielleicht wirkliches Ur-Teilchen zu finden, das ein Milliardstel von einer Milliardstelsekunde existiert und das vielleicht tatsächlich das »Elementarteilchen« der Welt, der Grundstoff unseres Kosmos sein mag – alles schön und gut, wer will das überhaupt noch wissen?

Unter der Sonne Griechenlands, da konnten »Elemente« noch etwas bedeuten. Der griechische Philosoph Demokrit (ca. 470 bis 380 v. Chr. in Abdera) verkündete:

> Die Atome des Feuers sind dornig, weshalb Verbrennungen so schmerzhaft sind.
>
> Die Atome des Wassers sind glatt und rund, weshalb das Wasser so gut fließt.
>
> Die Atome der Erde sind rauh und zackig, weshalb die Erde so hart ist.

Alles purer Unsinn, wird ein Physiker sagen – gut, aber man konnte damit leben! Was wird unser Wissen um ein Urelement zu unserem Weltbild beitragen? Nur ein Achselzucken? Vielleicht.

Haben wir uns mehr als 2000 Jahre in eine Fragestellung verrannt, die im Prinzip sinnlos ist? Kaum, denn in Wahrheit interessieren wir uns ja gar nicht so sehr für das allerkleinste Teilchen, das Elementarteilchen, sondern wir wüßten zu gerne, womit die Schöpfung des Kosmos begann! Unsere Neugierde gilt der Frage: »Womit fing alles an?« Noch direkter gefragt: Wovon stammen wir selber ab? Welches kosmische Material ist es, aus dem unsere Erde und auch unsere Körper sich herleiten, das eben möchten wir auch endlich einmal wissen. (Der biblische Einfall mit dem Ton etwa mag ja für frühe Bandkeramiker recht hübsch gewesen sein, ist es aber kaum noch für unsere Zeit.)

Mit solchen Fragen stehen wir bereits mitten in einem Feld, das man ehedem schlicht »Ketzerei« genannt hätte. Die Erde und unser Leben einfach in den riesigen, unabsehbaren Kosmos mit einbeziehen? In edler Bescheidenheit verkündet jede irdische Glaubenslehre, die Erde sei ein ganz speziell für den Menschen geschaffenes Gestirn, sei das Zentrum des Alls, kurz gesagt: ein einmaliger Sonderfall im Schöpfungsgeschehen.

Es wäre peinlich, wenn es so wäre: Das würde doch heißen, alles, was wir hier auf der Erde sehen, messen, registrieren und erleben, läßt sich nicht verallgemeinern. Unser Weltbild und unsere Wissenschaft wären nicht viel wert.

Keine Religion kann es – bisher – wagen, den Gläubigen die Erde als einen »Normal-Weltkörper« anzubieten. Das würde ja den Schluß erlauben, es könnte vielleicht Dutzende, ja gar Millionen von Erden im Weltall geben, alle mit Menschen darauf – wo bliebe da die besondere Nähe des irdischen Menschen zu Gott?

Der Naturwissenschaftler aber muß, genau im Gegensatz dazu, davon ausgehen, daß die Erde und unser Sonnensystem, ja unsere ganze Milchstraße, Dutzendware ist. Nur wenn die Erde ein Durchschnitts-Weltkörper ist, dürfen wir annehmen, daß die auf ihr zu beobachtenden Fakten im Kosmos allgemein gelten.

Bestehende Glaubenslehren und naturwissenschaftliche Erkenntnis müssen also zwangsläufig unvereinbar sein. Wie breit die Kluft zwischen beiden ist, zeigte sich treffend 1968, als der Wiener Kardinal Dr. Franz König vor einem Kreis von Nobelpreisträgern der Physik (!) in Lindau/Bodensee ausführte:

»Ich bin in der Lage, vor diesem Forum mitzuteilen, daß von

den zuständigen Stellen bereits (!) Initiativen ergriffen wurden, um den Fall Galilei einer klaren und offenen Lösung zuzuführen. Die katholische Kirche ist heute ohne Zweifel bereit, das Urteil einer Revision zu unterziehen.«

Welche Verkennung der Situation! Bescheidenes Schweigen und stilles Lernen hätten dem Kardinal besser angestanden. Der Prozeß gegen Galileo Galilei (1564–1642), bei dem es um das kopernikanische Weltbild gegangen war, hatte im Jahre 1633 mit einer Verurteilung des Forschers geendet. Nun, erst (bereits!) 335 Jahre später, war die Kirche geneigt, eine naturwissenschaftliche Erkenntnis eventuell in einer Revisionsverhandlung anzuerkennen. Als ob das noch irgendeine Bedeutung haben könnte! Das betretene Schweigen der Zuhörer und ihr geringer Höflichkeitsapplaus – oder war er ironisch gemeint? – kennzeichneten die Situation.

Im Frühjahr 1983 war der »Prozeß Galilei« noch keinen Schritt weitergekommen. Nur teilte nun Papst Johannes Paul II. mit, die katholische Kirche werde demnächst anerkennen, daß man Galilei Unrecht getan habe. – Wann wird auch für die christlichen Religionen nicht mehr die Erde der zentrale Himmelskörper sein?

Wirklich, die Erde ist nicht Mittelpunkt des Weltalls, nicht einmal Mittelpunkt unseres Sonnensystems. Die Erde ist nur ein kleiner Planet der Sonne, das weiß längst jeder Schuljunge. In unserer Unwichtigkeit liegt unsere Hoffnung, die Gesetze der Natur erkennen und die Größe der göttlichen Schöpfung verstehen zu können.

Bis vor nicht allzu langer Zeit wußten wir über den Weltraum nicht viel mehr, als wir mit den Teleskopen erkennen konnten. Doch das hatte genügt, die Bewegungsgesetze der Gestirne zu erkennen und ihre Entfernungen und Größen zu bestimmen. Über die chemische Zusammensetzung der Weltkörper hatten wir aus dem von ihnen ausgesandten Licht spektralanalytisch einiges gelernt. (Dabei verdient es vermerkt zu werden, daß auch an der 1703 von Papst Clemens XI. begründeten päpstlichen Sternwarte grundlegende Arbeiten zur Spektralanalyse ausgeführt worden sind.) Von dem, was zwischen den Sternen ist, davon wußte man nur herzlich wenig.

Vier neue Forschungsgebiete haben inzwischen unser Wissen auf eine neue Basis gestellt: die Meteoritenforschung, die Kometenforschung, die Chemie der interstellaren Dunkelwolken und die Satellitenerforschung unseres Planetensystems.

Steine, die vom Himmel fallen

Die wissenschaftliche Meteoritenforschung geht auf das Jahr 1803 zurück. Man schrieb den 26. April, der Himmel über Westfrankreich war »heiter«, wie die Berichte vermelden. Nur »einige unbedeutende Wölkchen« waren zu sehen. Da brauste gegen ein Uhr mittags eine »Feuerkugel« von Südost nach Nordwest über den Himmel. Die Bewohner des Ortes Laigle, etwa 100 Kilometer westlich Paris, schreckten auf. Eine starke Explosion erschütterte die Luft, gefolgt von einem Donner von »drei bis vier Kanonenschüssen«. Dann hörten die entsetzten Beobachter ein »schreckliches Getöse, wie von vielen Trommeln«, und bald darauf »ein Zischen, wie von Steinen, die aus einer Schleuder geworfen werden«. Ein Schauer von mehr als 2000 Meteoriten war am Rand der Stadt niedergegangen. Als man die schwärzlichen, glänzenden Steinmassen untersuchte – das schwerste Stück wog mehr als neun Kilogramm –, fand man in ihnen fast erbsengroße Kügelchen von metallischem Eisen. Die Hauptmasse aber waren Silicate, so wie wir sie auch von irdischen Gesteinen kennen. Da das Ereignis für alle, die nicht Augenzeugen gewesen waren, unglaubhaft scheinen mußte, nahm der Bürgermeister ein Protokoll des Geschehens auf. Vielleicht eben deshalb erntete er Undank. Die Pariser Zeitungen verlachten den Bericht und witzelten, es sei doch auf dem flachen Land um die Wissenschaft schlecht bestellt, wenn sogar noch ein Bürgermeister ernsthaft glaube, irgendwelche Dinge, gar Steine, könnten vom Himmel fallen.

Endlich aber beauftragte die Französische Akademie der

Wissenschaften doch ein Mitglied, der Sache nachzugehen. Dieser Gutachter war der Physiker J.-B. Biot (1774–1862), der später als Erforscher des polarisierten Lichtes Weltruhm erlangen sollte. Sein Bericht überzeugte seine Kollegen, und so kennt die Wissenschaft seit 1803 offiziell die Meteoritenforschung!

Heute wissen wir, daß Jahr um Jahr viele hundert, wenn nicht etliche tausend Tonnen Meteoritenmaterial auf die Erde fallen oder von ihr längs ihrer Flugbahn »vom Himmel gewischt« werden. Die größte Menge ist feiner Staub, doch kennen wir auch Meteoritentreffer, bei denen kubikkilometergroße Brocken kosmischen Materials die Erde getroffen haben. Beispielsweise geht das Entstehen des Nördlinger Rieses auf ein solches Ereignis zurück.

Die Spezialisten unterscheiden vier Arten von Meteoriten:

Eisen-Nickel-Meteorite,
Stein-Meteorite,
Stein-Eisen-Mischmeteorite,
Kohlige Chondrite.

Das wenigste Material haben wir auf der Erde bislang von den »Kohligen Chondriten« aufsammeln können, alles in allem kaum um die 100 Kilogramm. Während die drei ersten Meteoritengruppen nur die Spezialisten interessieren – einige Mineralien, die auf der Erde nicht vorkommen, wurden in ihnen entdeckt –, sind die »Kohligen Chondrite« erregende Studien objekte: Sie enthalten eine Vielzahl von organisch-chemischen Stoffen, die wir auf der Erde als die Bestandteile von Lebewesen kennen, wie etwa Aminosäuren und Zucker.

Wie kommen sie in das Meteoritenmaterial? Lange hat man darüber diskutiert. Kühne Theorien wurden aufgestellt, etwa, die Meteoriten sind die Reste eines zerfallenen Planeten der Sonne; auf diesem Planeten gab es Lebewesen, die »Kohligen Chondrite« bringen uns Reste dieses vergangenen Lebens. Wir glauben indessen heute: Meteorite sind nicht Zerfallsreste, sondern Schöpfungsreste von Material, welches nicht mehr zu einem Planeten wurde. Und die organischen Verbindungen sind ebenso nicht Zeugen des Todes von Lebewesen, sondern chemische Verbindungen auf dem Wege zum Leben. Was wir in den »Kohligen Chondriten« an organisch-biochemischen Produkten finden, sind exakt jene Stoffe, aus denen unter günstigeren irdischen Bedingungen unser Leben entstanden ist!

Die chemischen Reaktionsabläufe, die die Basis des uns bekannten Lebens darstellen, sind also auch anderswo im Weltall möglich! Die von uns auf der Erde ermittelten chemischen Gesetzmäßigkeiten gelten überall.

Noch eines bleibt zu vermerken: Die Oberfläche unserer Erde, auf der von der Pflanze Tier und Mensch leben, ist nicht reine »Erde«. Sie ist durchmischt mit meteoritischem, also mit kosmischem Material aus fernen Gegenden unseres Planetensystems. Alle Lebewesen nehmen es mit der Nahrung auf. Wir sind nicht allein »irdische« Menschen, ein kleiner, ein winziger Bruchteil unseres Körpers besteht aus »außerirdischem« Material. Eine faszinierende Vorstellung.

Gasströme im All

In älteren Museen oder Lehrmittelsammlungen findet man gelegentlich ein Modell des Sonnensystems. Um eine dicke gelbe Kugel kreisen kleine bunte Kugeln, die die Planeten darstellen sollen. Der Umlauf der Gestirne um die Sonne läßt sich in der Tat so recht hübsch demonstrieren, aber alles übrige ist grundfalsch. Da stimmen weder die Größenverhältnisse noch die Entfernungen. Genaugenommen müßte es sich auch nicht nur um Kugeln handeln, denn mit den Planeten umkreisen auch Strahlungs- und Magnetfelder die Sonne.

Seit etlichen Jahrzehnten hatte man gewußt, daß der Raum im Inneren unseres Sonnensystems nicht »leer« ist. Die Beobachtung von Nordlichtern, die stets von der Sonne wegweisende Richtung der Kometen-Schwänze und manche andere Beobachtung hatten erkennen lassen, daß um die Erde (als Beispiel) nicht nur ein Magnetfeld liegt, sondern daß es kompliziertere Zusammenhänge zwischen Erde und Sonne geben muß. Das Jahr 1938 beispielsweise hatte ein Sonnenflecken-Maximum gebracht, gleichzeitig zeigten sich auf der Erde außergewöhnliche Nordlichter.

Als 1958 eine Atombombe, von einer Rakete emporgetragen, in großer Höhe explodierte, beobachtete man erneut seltsame Nordlichtphänomene – irgendwie waren offensichtlich elektrische Spannungsfelder in der höchsten Erdhülle durcheinandergebracht worden. Man wurde nun vorsichtig mit solchen Experimenten. Nach einer Wasserstoffbomben-Explosion im Pazifik (1962) war die Störung extrem stark. Angeblich fiel in Honolulu sogar die Stromversorgung aus, und elektronisches Gerät wurde unbrauchbar. Waren elektrisch geladene Teilchen, vielleicht Elektronen, spiralförmig längs der Magnetlinien des irdischen Magnetfeldes, so wie man das von physikalischen Experimenten kennt, zu uns herabgekommen? Gerüchte besagten, bei entsprechenden sowjetischen Versuchen sei ähnliches beobachtet worden.

An Vermutungen und Spekulationen war kein Mangel. Schon 1932 hatte ein Göttinger Professor für Geophysik die These aufgestellt, die Sonne strahle elektrisch geladene Teilchen bis zur Erde, und sie seien die Ursache der erdmagnetischen Störungen, die im 27-Tage-Rhythmus, dem Rotationsrhythmus der Sonne, zu beobachten sind. Den Beweis für seine Vermutung erbrachten 1962 Messungen der US-Venus-Sonde »Mariner 2«. Die Sonde registrierte einwandfrei, daß von unserer Sonne geladene Gasteilchen, der sogenannte »Sonnenwind«, durch das Planetensystem »wehen«. In jeder Sekunde (!) sind das etwa eine Million Tonnen Sonnenmaterial!

Inzwischen haben neue Messungen ergeben, daß es sich beim »Sonnenwind« zu 95 Prozent um Protonen, also einfach elektrisch geladene Atomkerne des Elementes Wasserstoff handelt (H^+), zu 5 Prozent um α-Strahlen (He^{2+}). Mit Geschwindigkeiten zwischen 200 und 1000 km/sec werden diese Materieteilchen radial von der Sonne ausgeschleudert. Mit entsprechender Energie trifft der »Sonnenwind« unsere Erde, bildet eine Stoßfront und drückt die elektrischen und magnetischen Felder, die um unsere Erde liegen, zusammen. »Hinter« der Erde »verwehen«, um es sehr vereinfachend zu sagen, die irdische Magnetoschicht, Magnetopause, der Plasmamantel, der Magnetschweif und eine Plasmaschicht. Sichtbar sind diese Felder nicht, aber tatsächlich zieht unsere Erde ihre Bahn mit einer Art »Schweif«, wie wir ihn schon von den Kometen kennen.

Warum es zu der erstaunlich scharfen Trennung der verschiedenen Felder und Schichten kommt und welche Wechselwirkungen es da gibt, ist im einzelnen noch unbekannt. Eines nur bleibt uns mit Gewißheit: Wir dürfen nicht mehr glauben, die Erde zöge ihren Weg um die Sonne gewissermaßen im »luftleeren« Raum. Wir leben im »Sonnenwind«, zu unserer Heimat »Erde« gehört auch die Sonnenkugel.

Unbegreifliche Größen

Unsere Sonne ist riesengroß – aber keineswegs ein besonderer Stern. Wir kennen Sterne, die einige hundert Male größer sind, und ebenso gibt es zahllose Sterne, die viel heller als unsere Sonne leuchten. Wenn wir die Sonne als unser Zentralgestirn »groß« nennen, wenn einige Religionen sie sogar als heilig verehrt haben, so liegt das nur daran, daß wir unsere Winzigkeit als Maßstab nehmen, an unserer wortwörtlichen Vermessenheit, mit unseren Maßen im Kosmos messen zu wollen. Wir haben unsere Maßeinheiten und Größenvorstellungen in Vorzeiten nach unserer Körperlänge, unseren Gewichten und Lebensumständen geschaffen, zur Beschreibung atomarer Kleinheiten und kosmischer Größen taugen sie wenig. Wir können leicht lange Listen von Zahlenwerten kosmischer Entfernungen und Größen aufstellen, können sie auswendig lernen, begreifen werden wir sie darum immer noch nicht. Was haben wir davon, zu wissen:

die Sonne hat einen Umfang von	4 340 000 km,
die Erde von	40 000 km;
der Sonnendurchmesser beträgt	1 390 000 km,
jener der Erde	12 756,68 km.

Ebenso witzlos ist es, sich zu merken, daß die Sonne die 332 270fache Masse der Erde besitzt. Da ist eine Prozentübersicht über die Massenverteilung in unserem Sonnensystem eindrucksvoller und leichter zu merken: Von allen Massen sind nämlich in der Sonne 99,866 Prozent vereint. Für die Planeten verbleiben 0,134 Prozent. Die Kometen, Asteroide, Meteorite und der im Sonnensystem schwebende »Staub«, kurz: alles, was es sonst noch gibt, machen nur tausendstel und tausendmilliardstel Prozente der Masse unseres Sonnensystems aus. Das ist wirklich alles! Wir, mit unserer Erde, haben an den 0,134 Prozent wieder nur einen winzigen Anteil, nämlich den 447. Teil oder in Prozenten des Sonnensystems, 0,0002997 Prozent. Seien wir an dieser Stelle einmal großzügig, runden wir auf: Die Erde und alles, was auf ihr kreucht und fleucht, sind nicht ganz drei zehntausendstel Prozent des Sonnensystems.

Wer möchte, kann nun selber weiterrechnen, wie hoch sein Körper-Anteil am Sonnensystem ist (Hilfswerte dazu: Sonnensystem = $2{,}0 \cdot 10^{33}$ g; Erde = $5{,}976 \cdot 10^{27}$ g). Das Resultat wird unanschaulich-sinnlos. Einem himmlisch-kosmischen Buchhalter wird man es verzeihen, wenn er einmal die Erde als einen unwesentlichen Prozentanteil des Sonnensystems vergißt: Da ist eine Sonne – sonst eigentlich nichts.

Für uns Erdbewohner sieht die Sache naturgemäß anders aus: Wir wüßten gerne mehr über unsere Nachbarschaft, wie unbedeutend und gewöhnlich sie auch immer sei . . .

Zuerst war da der Mond, unser Erdmond, der unsere Neugier fesselte. In Märchen, Sagen und Legenden, in Gedichten und Liedern wurde er besungen. In unseren Tagen erwies er sich nun als ein öder Gesteinsbrocken, eine tote Mineralienwelt. Nicht mehr.

Der Mond ist nur für »Geo«logen interessant (uns fehlt noch immer ein passendes Wort für die Mond-»Geo«logie), die aus vulkanischen Erscheinungen, geschichteten Gesteinslagen und meteoritischen Geländebildungen Rückschlüsse auf die Herkunft und Geschichte des Mondes sowie das Mondinnere zu ziehen versuchen. Unsere Mondexpeditionen – das Wort »Raumfahrt« für sie zu benutzen, ist unverschämte Hochstapelei – waren technisch und wissenschaftlich erstaunlich. Was sie uns an Erkenntnissen brachten, war indessen herzlich wenig. Man wird den Verdacht nicht los, daß militärische Aspekte stets im Vordergrund standen – die »Raumpiloten« waren ja auch meist Offiziere und nicht etwa sachverständige Forscher. – Der Steuerzahler läßt sich eben Geld für »Raumforschung« leichter abnehmen als für das Projekt »Raum-Krieg«. Die Mondausflüge sind uns nicht billig gekommen, aber es war doch einmalig, die Herren auf dem Mond herumhopsen und Steinchen suchen zu sehen.

Heimatkunde im Sonnensystem

Grandios aber sind und bleiben die Ergebnisse der Raumsondenflüge zu den Planeten unseres Sonnensystems. Die Entfernungen, Bewegungen, Größen und Monde der Planeten kannten wir, wenigstens einigermaßen. Auf dem Mars hatten wir geglaubt, einige Strukturen, »Kanäle«, erkennen zu können, der Jupiter trug einen »Großen Roten Fleck«, den Saturn umgab offenbar ein Ring. Nun sandten uns die Raumsonden Fotos zur Erde, Bilder, die selbst die Phantasien von kühnen Science-fiction-Autoren in den Schatten stellten. Die Planeten und ihre Monde zeigten sich als Gebilde mit sehr individuellem Aussehen. Es ist, als ob wir plötzlich Leuten begegnen, die wir bisher nur aus Briefen kannten. Wer immer einige der Fotos betrachtet hat, darf sich als »Astronaut« fühlen und kann nun bei weiteren Aufnahmen sogleich erkennen: »Das ist der Jupiter, jenes der Mond Ganymed, dies ein Stück des Saturns und hier ein Ausschnitt von seinem Ringsystem.« Kein Raumfahrer braucht mehr Angst zu haben, sich im Sonnensystem zu verirren, alles ist unverwechselbar, ist verschieden.

Es wird noch Jahre dauern, bis die Bilder der Raumsonden wissenschaftlich ausgewertet sind, und noch mancher theoretische Ansatz wird entwickelt und verworfen werden. Vieles, was die Fotos zeigen, ist bisher unverständlich und steht im Widerspruch zu unseren überkommenen Vorstellungen. Dutzende gelehrter, wissenschaftlicher Bücher über unser Sonnensystem haben seit 1981 nur noch den Wert von Altpapier.

Die Raumsonden haben aber weit mehr geleistet, als uns ein paar sensationelle Fotos zu senden. Sie übermittelten uns auch erste solide Kenntnisse über die Chemie der Planeten.

Zuerst ergibt sich einmal, daß die inneren Planeten des Sonnensystems, grob gesehen, der Erde ähnlich sind. Merkur, Venus, Erde und Mars sind Gesteinsklumpen mit einer relativ dünnen Gashülle. Anders die äußeren Planeten Jupiter, Saturn, Uranus und Neptun. Sie sind, von außen betrachtet, große Gasbälle, die möglicherweise keine eindeutige Oberfläche besitzen, bei denen die sie umhüllenden Gasmassen vielmehr ohne scharfe Trennungslinie in einen flüssigen oder halbfesten Planetenkern übergehen. Über den neunten Planeten (gelegentlich wird immer noch diskutiert, ob es einen zehnten Planeten geben mag), Pluto, gibt es noch keine wirklich gesicherten Erkenntnisse, selbst seine Größe ist umstritten. Auch über seinen relativ sehr großen Mond wissen wir so gut wie nichts. Der Planet Pluto ist erst 1930 entdeckt worden und hat seither auch erst ein Fünftel der Bahn um die Sonne zurückgelegt, die für seine Sonnenumkreisung berechnet worden ist.

Tragen wir zusammen, was wir heute von der Planetenchemie wissen, so erhalten wir die folgende Übersicht:

Merkur — Im Aussehen dem Erdmond ähnlich, wüstenartig, mit Lavaergüssen, Meteoritenkratern, mit Temperaturwechsel zwischen –138 °C und +427 °C während des rund 55 Erdentage dauernden Merkurtages. Praktisch ohne eine Atmosphäre, es wurden nur Spuren von Wasserstoff, Helium, Argon und Neon gefunden, die teilweise von radioaktiven Zerfallsprozessen herrühren können. Die Oberfläche scheint arm an Alkalimetallen (Natrium, Kalium) zu sein. Bei 5 Prozent des Erdvolumens hat der Merkur doch 30 Prozent der Masse der Erde, weshalb ein sehr großer Eisen-Nickel-Kern in seinem Innern angenommen wird.

Venus — Die weithin ebene Oberfläche scheint aus Granit und/oder Basalt zu bestehen (ähnlich zusammengesetzt wie in Vulkanen auf Hawaii?). Der Planet scheint reich an radioaktiven Elementen zu sein (Thorium, Uran). Die Atmosphäre besteht zu 96 Prozent aus Kohlendioxid und zu 3 Prozent aus Stickstoff. Spuren von Wasserdampf, Sauerstoff, Kohlenmonoxid, Schwefeldioxid, Fluorwasserstoff, Chlorwasserstoff, Helium, Neon und Argon bilden den Rest. Der Planet enthält vermutlich einen Eisen-Nickel-Kern. Die Temperatur beträgt bis +460 °C; Hitzewellen und Stürme bis zu 360 km/h rasen um die Venus, weshalb 17 Raumsonden (12 der UdSSR, 5 der USA) bislang nur wenig brauchbare Daten lieferten.

Erde — Silicatische Gesteine und Sedimente, Lavaflüsse, Meteoritenkrater, Ozeane flüssigen Wassers. Vielfältige Lebensformen seit ca. 3,7 Milliarden Jahren. Atmosphäre aus etwa 78 Prozent Stickstoff, 21 Prozent Sauerstoff, Argon 0,9 Prozent, der Rest sind Wasserdampf, Kohlendioxid, Methan, Krypton, Helium, Xenon, Stickoxide, Kohlenmonoxid, Schwefeldioxid und Ozon. Die uns bekannten Klimazonen. Große Lager von Kohlen und Erdöl sowie Erdgas, das heißt: große Breite an organisch-chemischen Verbindungen.

Mars — Eine Art Trockenwüste, wesentlich aus verwittertem Basalt, reich an Eisen und Schwefel, Oberflächenstrukturen lassen es als möglich erscheinen, daß es auf dem Planeten ehedem Wasser gegeben hat (einige Theoretiker meinen, es solle auf dem

Mars einst sechsmal soviel Wasser wie auf der Erde gegeben haben). Meteoriten-Einschlagskrater. Kappen aus festem Kohlendioxid an den Polen. Sehr kalt. Die Atmosphäre besteht zu 95 Prozent aus Kohlendioxid, zu 3 Prozent aus Stickstoff und zu etwa 2 Prozent aus Argon. In Spuren sind vorhanden: Sauerstoff, Neon, Kohlenmonoxid, Krypton, Xenon, Ozon. Es gelang bisher nicht, Spuren von Leben oder auch nur organischen Verbindungen auf dem Mars nachzuweisen.

Jupiter Auf der von Blitzen durchzuckten, rötlich und grün-blau gestreiften Gashülle ist der »Große Rote Fleck« unübersehbar. Offenbar toben in diesen Gasmassen ungeheure elektrische Stürme. Die Gashülle besteht zu 89 Prozent aus gasförmigem Wasserstoff und zu 11 Prozent aus Helium. In Spuren sind vorhanden: Methan, Ethan, Ammoniak und Wasser sowie unerwartete chemische Verbindungen, von denen Acetylen, Phosphorwasserstoff, Cyanwasserstoff und speziell Germaniumwasserstoff zu nennen sind. Möglicherweise sind auch eine Anzahl komplizierter organisch-chemischer Verbindungen kurzzeitig beständig, und es wird vermutet, daß sie es sind, die zu der seltsamen Farbe der Gashülle beitragen. Die Gashülle soll etwa 1000 Kilometer dick sein. Unter ihr soll ein 7000 Kilometer tiefer »Ozean« aus flüssigem Wasserstoff sein und im Innern des Jupiters ein Kern aus schweren (metallischen) Elementen. – Den Jupiter umkreisen etwa 20 Monde.

Saturn Die rot-blau gestreifte Gashülle enthält 94 Prozent Wasserstoff und 6 Prozent Helium, Spuren von Methan, Ethan, Acetylen, möglicherweise auch Propan und Methylacetylen sowie Phosphorwasserstoff. Im Innern ist eventuell ein Kern aus festem, »metallischem« Wasserstoff. Umgeben ist der Planet von einem spektakulären Ringsystem, das offenbar aus Gestein und Eis besteht. Die Forscher fragen sich, ob sich die Hunderte von Ringen vereinigen werden oder ob wir hier im Gegenteil Zuschauer eines gigantischen Selektionsvorganges, der Schaffung einheitlicher kosmischer Materie sind. – 17 Monde kreisen um den Saturn.

Uranus Neptun Pluto

Keine Raumsonde hat bisher diese Planeten unseres Sonnensystems erreicht. Von Uranus und Neptun wissen wir daher nur, daß sie wie blau-grüne Gasbälle im Raum schweben und daß Gase wie Wasserstoff, Methan sowie eventuell Helium und Ammoniak diese Gashülle ausmachen. Es besteht die Vermutung, daß Uranus und Neptun vergleichsweise viele schwere Elemente enthalten. Um Uranus liegt ein dünnes, neunteiliges Ringsystem; fünf Monde umkreisen Uranus. Ob auch der Neptun von Ringen umgeben ist, wissen wir nicht mit Sicherheit, aber er hat mindestens einen Mond. – Pluto ist uns weitgehend unbekannt, und das dürfte sich in den kommenden Jahrzehnten auch kaum ändern. Es wird vermutet, daß Pluto nichts als eine Zusammenballung von Eis, Methan und anderen Gasen ist. Eine andere These meint, er könne zu 75 Prozent aus Eis, zu 20 Prozent aus Gestein und zu 5 Prozent aus Methan bestehen, kurz, so etwas wie ein »schmutziger Schneeball« sein (was man auch von Kometen glaubt). Ein Mond ist mindestens vorhanden, vielleicht hat Pluto sogar fünf Monde.

Versucht man einen generellen Eindruck zu bekommen, so erkennt man zunächst einmal, daß alle Planeten recht individuelle Unterschiede zeigen. Überraschend mehr Unterschiede als erwartet, wenn wir, wie üblich, voraussetzen, daß sie alle gleich alt sind. Dann ist man erstaunt über die gewaltigen Mengen Wasserstoff und die offenbar allgemeine Verbreitung der Edelgase Helium, Argon, Krypton und Xenon. Das Vorkommen von Phosphorwasserstoff und Germaniumwasserstoff mag unerwartet sein, wird aber aus den enormen Mengen an Wasserstoff chemisch verständlich. Im Hinblick auf die Entstehung des Lebens auf unserer Erde darf der Nachweis von Methan und anderen Kohlenwasserstoffen sowie Cyanwasserstoff und Ammoniak nicht übersehen werden. Diese einfachen chemischen Verbindungen sind ja heute weitgehend als die noch »anorganischen« Grundstoffe der Lebensentwicklung anerkannt.

Monde gibt es überall

Die Forschung tut sich immer noch schwer, die Herkunft und die Geschichte unseres Erdmondes zu erklären. Nun wissen wir, daß Monde gar nicht so selten sind, wie es jahrhundertelang schien. Knapp 50 Monde allein in unserem Sonnensystem – das heißt doch, daß Monde recht gewöhnliche Objekte sein müssen. Noch erstaunlicher aber ist, daß die Monde des Jupiter bereits die absonderlichsten Unterschiede zeigen, und damit wird es notwendig, auch die Mondforschungen ganz neu zu überdenken. Greifen wir nur einige der Seltsamkeiten der 15 Jupitermonde heraus:

Callisto: Eisüberkrustet, trägt er dennoch unverkennbar die Spuren eines riesigen Meteoriteneinschlages, der vielleicht der größte Meteoritenkrater unseres Sonnensystems ist.

Dione: Pickelig von ungezählten kleinen Meteoritentreffern wie unser Mond.

Ganymed: Ein geadertes Gebilde aus Eis und Fels.

Io: Vulkanisch aktiv, mindestens acht Vulkane wurden fotografiert, die violette, 100 Kilometer hohe Eruptionsfontänen ausstoßen, alles überzogen mit einer festen Schicht gelben Schwefels; Gesamtbild: »Wie eine frische Pizza!«

Io und die Erde scheinen vorerst die einzigen Objekte im Sonnensystem zu sein, die Vulkanismus zeigen. Als ausgesprochene Kuriosität darf ein Saturnmond gelten: Titan. Dieser Mond wurde schon als eine »Erde im Tiefkühlzustand« bezeichnet. Titan hat etwa Erdgröße, einen nur um 60 Prozent höheren »Luft«-Druck; die Atmosphäre besteht zu 82 Prozent aus Stickstoff, der Rest sind Argon und Methan neben einer Vielzahl von Verbindungen, die zur organischen Chemie gehören. Die Masse dieses Mondes soll aus Gestein und Eis in etwa gleichen Mengen bestehen. Zwei entscheidende Unterschiede zur Erde sind allerdings unverkennbar: Auf Titan gibt es keinen Sauerstoff, und die Temperatur auf der Oberfläche wird kaum mehr als –180 °C betragen.

Wenn Planeten kälter werden

Die Lage ist verwirrend, wenn nicht hoffnungslos geworden. Seit Jahrhunderten dachten Philosophen und Naturwissenschaftler darüber nach, wie wohl unser Sonnensystem entstanden ist. Sie gingen von astronomischen und physikalischen Gesetzmäßigkeiten aus. Nun genügt das nicht mehr. Der Phantasie sind nun enge Grenzen gezogen worden. Ohne Beachtung der chemischen Eigentümlichkeiten der Planeten und Monde kann keine Geschichte des Sonnensystems mehr entworfen werden. Würden wir einige hundert Sonnensysteme so gut wie unser eigenes kennen, wären vielleicht Theorien möglich. Zumindest könnten wir dann sagen, ob das System, in dem wir leben, durchschnittlich oder ein Sonderfall ist. Noch aber sind wir in der Situation wie ein Eskimo, der zum ersten Male eine Kokosnuß, eine Zitrone, eine Apfelsine, eine Banane oder eine Erdbeere vor sich liegen sieht und sagen soll, was das ist und wie es entstand. Überspitzt hat die Situation vor einigen Jahren ein witziges Bild in einem wissenschaftlichen Magazin so beschrieben: Da sitzen zwei bärtige alte Professoren in einer Raumkapsel und sehen in der Nähe die Erde.

Fragt der eine erstaunt: »Was ist denn das?« Antwortet der andere: »Weiß nicht, das muß ein Studentenulk sein.«

Ist unser Sonnensystem vielleicht wirklich eine absonderliche Spielart der Natur, ein lustig buntes Mischmasch von Möglichkeiten? Wir können nur hoffen, daß dies nicht der Fall ist. Nur wenn unser Sonnensystem »normal« ist und eine durchschnittliche Entwicklungsstufe im Kosmos darstellt, dürfen wir hoffen, allgemeingültige Naturgesetze ableiten zu können.

Die Chemiker, die sich mit Geologie beschäftigen, können immerhin bereits gewisse Hilfen geben: Es gilt als wahrscheinlich, daß sich vor etwa 4,5 bis 5 Milliarden Jahren aus dem heißen kosmischen Urnebel zuerst schwere, massereiche, metallische, vor allem viel Eisen enthaltende Planetenkerne bildeten. Als die Temperatur sank, schlugen sich darauf Silicat-Mineralien nieder und bildeten die Schichten der Urplaneten, die sich langsam weiter abkühlten. Wenn wir das Absinken der Temperatur als Maßstab nehmen, so muß die Bildung der Mineralien bei der Abkühlung etwa so verlaufen sein:

ca. 1600 K*	Oxide des Calciums, Aluminiums, Titans und der Seltenen Erden scheiden sich ab.
1520 K	Eisen-Nickel-Legierung kondensiert.
1455 K	Magnesiumsilicate kondensieren ($MgSiO_3$).
1225 bis 1050 K	Phosphorverbindungen bilden sich, beginnend mit dem Fe_3P (= Schreibersit-Mineral).
1050 bis 850 K	Silicatreiche (kieselsäurereiche) Verbindungen des Natriums und Kaliums entstehen, die auf der Erde allgemein verbreiteten Feldspat-Mineralien.
900 bis 740 K	Nun entstehen Mineralien, die Chlor und Fluor enthalten.
800 bis 700 K	Calciumphosphate bilden sich.
687 K	Der vorhandene Schwefelwasserstoff (H_2S) bildet

* Grade Kelvin rechnen vom absoluten Nullpunkt der Temperatur, der in °C bei –273 °C liegt.

mit Nickel und Eisen Sulfide, zum Beispiel den Troilit (FeS).

1200 bis 490 K — In diesem Temperaturbereich treten Oxidationen auf, die zum Beispiel Eisenoxide liefern und deren Produkte weiter umgesetzt werden.

550 bis 175 K — Bildung wasserhaltiger Silicate und anderer Mineralien mit Wassergehalten.

Bei den tiefen Temperaturen wird Wasser zu Eis, Ammoniak wird flüssig, dann fest, ebenso Methan und endlich auch Gase wie Argon und Neon, bis eventuell nur noch Wasserstoff gasförmig vorhanden ist.

Ob die Bildung der Planeten so abgelaufen ist, werden weitere Untersuchungen ergeben müssen. Sicher scheint vorerst zu sein, daß zumindest die erdnahen Planeten einen Nickel-Eisen-Kern haben (obgleich das mit letzter Gewißheit selbst für unsere Erde noch nicht bewiesen ist).

Solange wir über unser Planetensystem kaum mehr kannten als die Größen und Umlaufbahnen der einzelnen Planeten, war es naheliegend, den Aufbau der Atome mit dem Bau des Sonnensystems zu vergleichen. Hier stand in der Mitte die Sonne als das einzige wirklich massereiche Objekt, dort der schwere Atomkern, der die Masse vereinigt. Hier waren die Umläufe der Planeten um die Sonne, dort kreisten die äußeren Elektronen auf ihren Bahnen um den Atomkern. Jeder alte Oberlehrer wies seine Schüler mit einem verklärten Blick auf dieses Bauprinzip hin, und mancher Physiker suchte Einheitsmaße der Natur daraus abzuleiten. Heute, da die Suche nach immer kleineren Elementarteilchen der Physik Tag für Tag weitergeht, sind solche Gedanken fast in Vergessenheit geraten. Was gar die Sonne und ihre Planeten betrifft, so haben wir jetzt eine Art Nachbarschaftsgefühl zu ihnen entwickelt. Die Planeten sind für unsere Generation nicht länger abstrakte Kugeln von Materie, die gemeinsam mit unserer Erde irgendwo ihre Bahn um die Sonne ziehen, sondern Mitwanderer durch Raum und Zeit geworden.

Gelegentlich erhalten wir »Besuch« von außerhalb unseres Sonnensystems: Kometen. Wir wissen nicht, warum und wann, aber von Zeit zu Zeit nähert sich uns aus kosmischen Weiten ein »schmutziger Schneeball«. Wird er vom Sonnensystem eingefangen, so beginnt er als Komet die Sonne auf einer weiten Bahn zu umfliegen. In der Regel verbraucht er sich dabei, verliert Material, zerbricht gar, und wenn er dann nach Jahrzehnten wieder sichtbar werden sollte, so findet der Astronom von ihm kaum noch Spuren.

Für uns sind Kometen nichts als relativ seltene und daher interessante Himmelserscheinungen. Vordem war das anders. Kometen wurden als drohende göttliche Boten angesehen, als »Zuchtruten Gottes«, als Verkünder von Krieg und Hungersnöten, von Pest- und Krankheitszeiten. Noch 1910, als sich der sogenannte Halleysche Komet der Erde näherte, verkauften tüchtige Unternehmer in den USA »Kometen-Pillen«, die gegen angebliche giftige Dämpfe des Kometen schützen sollten. Aber wir wollen nicht überheblich sein. Sollte in unseren Tagen wieder einmal ein großer Komet auftauchen, so werden die üblichen Gerüchteküchen erneut in Betrieb genommen werden, wird Weltuntergangsstimmung wieder eine leichtverkäufliche Ware sein.

Recht exakte Berichte über das Erscheinen von Kometen verdanken wir übrigens den Chinesen, die rund drei Jahrtausende nicht nur sehr sorgsam alle nächtlichen Erscheinungen beobachtet, sondern auch registriert haben. Seltsamerweise haben sie aus dem reichen Material nur sehr wenige Theorien und Vorstellungen abgeleitet, viel mehr haben sie sich um astrologische Deutungen bemüht. In unseren Tagen werten die Astronomen das reiche chinesische Beobachtungsmaterial besonders auf Kometen- und Supernova-Erscheinungen aus. Überhaupt haben wir lernen müssen, daß die Überlieferungen einiger »primitiver« Völker einen wahren Schatz an astronomischen Beobachtungen enthalten. So spricht es für die Kulturhöhe der in einem Holocaust durch die USA ausgerotteten Indianerstämme, daß sie Meteoritenschauer, große Sternschnuppenfälle und außergewöhnliche Meteoritenfälle, ja möglicherweise eine Kometenerscheinung, bildhaft dokumentiert haben.

Das absolut älteste Dokument zur Astronomie glaubt seit kurzem ein englischer Astronom in Australien gefunden zu haben. Es ist ein Felsbild, das Australiens Ureinwohner vor etwa 12 000 Jahren angefertigt haben. Das Felsbild sieht zunächst wie ein seltsames Rad aus, aber es ist sehr wohl möglich, daß es sich bei ihm um eine recht exakte Zeichnung der sogenannten Vela-Supernova handelt.

Denken wir nun weiter an die Überlieferungen von großen Flutkatastrophen. Nicht nur die Bibel spricht von einer riesigen Flut, die Sagen und Überlieferungen vieler Völker kennen voneinander unabhängige Sintflutberichte. Rund einhundert Sintfluten sollen sich nachweisen lassen. Künden sie vielleicht von Kometenerscheinungen? Der Komet muß ja nicht immer direkt auf der Erde eingeschlagen sein. Ein wirklich großer Komet könnte ja auch eine ungeheure Gezeitenflut beim Vorbeiflug ausgelöst haben?

Bieten die von Kometen ausgelösten Kräfte möglicherweise sogar eine Erklärung für den Zerfall des Urkontinentes unserer Erde und den Beginn der Drift der Kontinente? Gibt es Zusammenhänge mit dem Wechsel der geologischen Zeitalter?

Denken wir hier auch einen Augenblick an »feurige Götter« oder die Anbetung des Feuers überhaupt. Gehen gar die alten Götternamen wie Jupiter, Mars und Venus vielleicht ursprünglich auf Kometenerscheinungen zurück? Solche Gedanken mögen etwas nach Däniken klingen. Aber das Faktum bleibt, daß wir über Kometen zwar vieles wissen, doch daß dieses Wissen nicht genügt, um uns ein echtes Verständnis für solche Himmelserscheinungen zu vermitteln, vielleicht weil zu unseren Lebzeiten noch nie ein großer Komet »drohend« am Himmel gestanden hat.

In früheren Jahrhunderten, da nicht wie jetzt eine »Kometendürre« herrschte, verband man derartige Erscheinungen nur allzuoft mit dem jeweils grausigsten Zeitgeschehen. So wurde ein »Geisterkampf am Himmel« bei der Eroberung Jerusalems 70 n. Chr. gesehen; von der Hunnenschlacht von 451 heißt es, die toten Kämpfer hätten sich noch drei Tage darauf weiter am Himmel bekriegt; und noch 1680 wurde in Chemnitz (heute Karl-Marx-Stadt) ein Protokoll aufgenommen, in dem viele Bürger versicherten, Geisterheere am Himmel gesehen zu haben! Da verwundert es kaum noch, wenn schon im Alten Testament nachzulesen ist, ein Engel mit einem »Flammenschwert« habe Adam und Eva aus dem Paradies vertrieben. Möchten wir nicht gerne glauben, hier einen ersten Report von einer geologischen oder klimatischen Katastrophe vor uns zu haben?

Bedenklich bleibt der Aspekt, daß wir tagtäglich mit dem überraschenden Auftauchen eines Kometen rechnen müssen. Einmal mag er tatsächlich eine für uns »kritische« Bahn haben. Die Annahme, sicher und sorgenfrei mit unserer Erde durch das Weltall zu reisen, ist nur eine Illusion.

Der berühmte Halleysche Komet wurde von dem Engländer Edmond Halley, geboren 1656, der ursprünglich Professor der Geometrie war und 1742 in Greenwich als »Königlicher Astronom« starb, im Jahre 1682 beobachtet. Halley zog damals aus der Beobachtung der Kometenbahn den Schluß, dieser Komet könnte mit den Kometen der Jahre 1531 und 1607 identisch sein und würde erneut im Jahre 1758 auftauchen, was tatsächlich der Fall war. Wir wissen heute aufgrund sorgsamer Studien alter Berichte, daß der Halleysche Komet zumindest in den Jahren 1066 (im Bildteppich von Bayeux, der die Eroberung Englands durch Wilhelm den Eroberer im gleichen Jahre schildert, ist er abgebildet!), 1145, 1222, 1301, 1378, 1456, 1531, 1607, 1682, 1758, 1835 und 1910 gesichtet wurde. Alten chinesischen Aufzeichnungen nach wurde er dort sogar schon 613, 467 und 240 vor Christus am Himmel bestaunt. Mit relativ geringer Helligkeit dürfen wir ihn 1985/86 wieder erwarten!

Unsere Generation hat bislang das kosmische Pech, nie einen »großen« Kometen gesehen zu haben, einen Kometen, dessen Schweif etwa über den halben Himmel geht und der womöglich selbst tagsüber zu sehen ist (der Komet Kohoutek des Jahres 1973 erwies sich als winzig). Die letzten großen Kometen erschienen in den Jahren 1848 (er kam der Erde auf 100 000 Kilometer nahe und erzeugte Katastrophenstimmung) und 1858 (er war 39 Wochen nachts sichtbar).

Im Jahre 1910 war der Halleysche Komet mit bloßem Auge sichtbar. Eine alte Dame beschreibt die Angst jener Tage so: »Meine Mutter saß mitten im Zimmer mit geschlossenen Augen und betete den Rosenkranz. Ich schaute, zugegeben klopfenden Herzens, zum Fenster heraus und sah plötzlich eine längliche, sehr helle Lichterscheinung mit einem Schweif, der wie ein angehängter Nebel aussah.« Für 1985/86 erwarten die Astronomen ein weniger aufregendes Geschehen. In den Monaten November und Dezember 1985 sowie März und Anfang April 1986 wird man mit einem Feldstecher etwas sehen können, eine geringe Helligkeit des Kometen und eine Andeutung des Kometenschweifes.

Unsere neuere Kometenforschung beginnt mit einem Hauptmann der österreichischen Armee, der sich langweilte und deshalb beschloß, Astronomie zu studieren: Wilhelm von Biela (1782–1856). Am Abend des 27. Februar 1826 fand er ein helles Objekt, das sich bewegte, einen Kometen, der als Bielascher Komet in die Literatur eingegangen ist. Nun war das vorerst keine Sensation, doch was vor ihm noch nie geglückt war, gelang von Biela: Er konnte eine Umlaufbahn dieses Kometen um die Sonne berechnen, darin liegt sein entscheidendes Verdienst. Seinen Rechnungen zufolge sollte der Komet im Jahre 1846 erneut zu sehen sein. Doch was geschah? Als der Bielasche Komet 1846 tatsächlich wieder auftauchte, war er in zwei Teilstücke zerbrochen! Beide Teile verschwanden, wurden aber 1852 erneut gesichtet, nun weit voneinander entfernt. Gespannt wartete die wissenschaftliche Welt darauf, dieses Phänomen weiter verfolgen zu können – doch im Jahre 1872 erschien der Komet nicht mehr: Was blieb, war ein Schauer von

Meteoriten. Eine These Keplers, rund 300 Jahre alt, hatte sich bestätigt, Kometen können »sterben«!

Was wissen wir heute über die um die Sonne vagabundierenden Kometen? Nach allem, was bekannt ist, dürfte ihre Masse zumeist normales Eis sein. In dieses Eis eingeschlossen sind vielerlei Gase, wie Wasserstoff, Stickstoff und Kohlendioxid. In den Kometen-Gashüllen und den langen Kometenschweifen sind in den letzten Jahren aber auch Verbindungen nachgewiesen worden, die mindestens ebenso erstaunlich sind wie jene, die in oder auf den Planeten unseres Sonnensystems entdeckt worden sind. Hätte noch vor wenigen Jahren jemand die Behauptung aufgestellt, zum Kometenmaterial gehöre eine so »exotische« Verbindung wie das Methylcyan (CH_3CN), man hätte an seiner These gezweifelt. Tatsächlich aber gibt es in Kometen sogar gut ein Dutzend Kohlenstoffverbindungen. Daß auch Meteoritenmaterial in ihnen nachzuweisen ist, überrascht da kaum noch: Eisen, Nickel, Mangan, Kupfer, Chrom, Kobalt usw. Wir werden im Zusammenhang mit der Frage nach der Entstehung des Lebens im Kosmos noch näher auf Kometen und Meteorite zurückkommen müssen.

Kometenfälle auf die Erde und die Sonne?

Zwei sehr rätselhafte Himmelserscheinungen gibt es hier noch zu erwähnen. Da ist erst einmal die Geschichte vom »Großen Sibirischen Meteor«. Am 30. Juni des Jahres 1908 registrierten die Erdbebenwarten in Jena, Tiflis, Taschkent und an einigen anderen Orten ein Erdbeben, ohne daß indessen diese Meldungen vom Ort eines Bebens bestätigt worden wären. Dagegen wurde bekannt, Reisende der berühmten Transsibirischen Eisenbahn hätten in einer unbewohnten Wildnis nördlich der Station Kansk einen großen Meteoriteneinschlag als Lichtblitz und Donner beobachtet.

Erst 1927 zog eine Expedition aus, den Meteoriten zu suchen (man hatte inzwischen den Ersten Weltkrieg und die russische

Revolution hinter sich gebracht), und fand – nichts von ihm. Zwar hieß es, herumziehende Tungusen hätten Eisenteile vorgezeigt, doch als meteoritisch sind diese Eisenbrocken nie bewiesen worden. Aber da gab es, übrigens fast exakt in der Mitte der Sowjetunion, in der Nähe der »Steinigen Tunguska«, einen Einschlagkrater, einen weiten Sumpf im Wald, in einem Wald, dessen Baumstämme von einem zentralen Punkt aus nach allen Richtungen umgeworfen waren, einige Stämme waren auch an einer Seite verkohlt, die Rinden zumindest beschädigt. Kein Zweifel hat je für die erste und die in den späteren Jahren nach dieser Stelle ausgezogenen Expeditionen bestanden: Hier hat ein kosmischer Körper mit großer Wucht die Erde getroffen. Das könnte ein Meteorit gewesen sein, eventuell ein Steinmeteorit von 160 Meter Durchmesser, wie ein US-Forscher im Frühling 1983 meinte. Oder war es ein Komet? Die abstrusen Vermutungen, es könnte sich um ein notgelandetes fremdes Raumschiff oder einen Brocken Antimaterie gehandelt haben (selbst in der wissenschaftlichen Literatur erwähnt!), sind blanker Unsinn.

Die zweite seltsame Geschichte verdanken wir einem »Verteidigungs-Satelliten« der USA. Er sollte im August 1979 Sonnenwind-Beobachtungen machen. Ernsthaft aber war wohl kaum jemand daran interessiert, jedenfalls wurden die Satellitenfotos erst Mitte des Jahres 1981 ausgewertet – und da zeigten sie eine Sensation! Auf acht Fotos, die im Verlauf von 138 Minuten aufgenommen worden sind, erscheint ein großer »Komet«, also ein kosmisches Objekt mit einem von der Sonne abgewandten Schweif, fliegt in Richtung Sonne (in der Flugrichtung steht hinter der Sonne gerade exakt die Venus), nähert sich ihr – und Bilder, die elf Stunden später fotografiert wurden, zeigen eine ungeheure Wolke, einige Millionen Kilometer hoch über der Sonne. Den exakten Einschlag hat die automatische Kamera nicht erfaßt, aber die Fluggeschwindigkeit des Objektes läßt sich errechnen: rund 1 000 000 km pro Stunde. Hat hier die Sonne einen Kometen eingefangen und »verschluckt«? Es gibt kaum eine andere Erklärung für die Bilder.

In unseren Breiten war es in der Vorzeit kaum möglich, wesentliche astronomische Beobachtungen anzustellen. Einige helle Fixsterne ließen sich erkennen, doch im wesentlichen waren da nur die Sonne und der Mond – und die Milchstraße, in klaren Nächten ein Sterngefunkel. Um Mond und Milchstraße rankten sich dann auch bei uns die Märchen.

In Australien war die Lage ganz anders. In der wolkenlosen Luft der Wüsten war viel mehr am Himmel zu sehen als bei uns. In der Mythologie der Ureinwohner, »Traumzeit« genannt, spielt der Sternenhimmel deshalb auch eine viel bedeutendere Rolle. Da wird etwa berichtet, wie drei Ruderboote zu den großen Sternen im Orion wurden oder wie zwei verliebte Mädchen zwei junge Männer in die Milchstraße entführten. Dabei wird die Milchstraße als »verstreute Asche« gedeutet, ein hübsches Bild!

Was aber noch bemerkenswerter ist, ist die erstaunliche Tatsache, daß die australischen Urvölker schon sehr früh einen dunklen Flecken in der Milchstraße erkannten. Wieso kam in dieses helle Band der »verstreuten Asche« eine dunkle, sternenleere Stelle? In unseren nördlichen Breiten gibt es eine ähnliche dunkle Stelle unweit des Sternes Deneb im Sternbild des Schwanes, volkstümlich der »Kohlensack« genannt. Inzwischen hat man etliche solcher dunklen, finsteren, sternlosen Stellen entdecken können. Die Erklärung dafür ließ sich gar nicht einmal so schwer finden: Hier schweben dunkle Wolken in der Milchstraße, die das Licht der dahinterliegenden Sterne nicht durchlassen.

Über die Herkunft solcher Staubmassen, mögen sie nun in unserer Galaxis stehen oder in fernen Weiten des Kosmos, sind die Astronomen sich ziemlich einig: Sie sind gewissermaßen die »Aschen« kernphysikalischer Prozesse, womit sie sich dem Mythos der australischen Urbevölkerung seltsam-zufällig nähern. Die Wissenschaftler reden von »kosmischem Staub« oder »interstellarem Staub«; leider, denn Staub ist in unserer

Vorstellung kaum viel mehr als nichts – und genau das ist falsch.

Wenn man allein den interstellaren Staub unserer Milchstraße zusammenrechnet, macht er

110 000 000 000 Sonnenmassen

aus; also 110 Milliarden Sonnenmassen! In Prozenten ausgedrückt sind das 10 Prozent des Materials der Milchstraße! Das kann man nun nicht mehr übersehen, und so haben sich die Forscher in den letzten Jahren sehr intensiv mit den dunklen Wolken beschäftigt. Was sich ergab, war so verblüffend, daß es die Astrophysiker zuerst selbst nicht recht glauben mochten. Sie fanden eine ganz neue organische Chemie des Kosmos, die für die Frage nach dem Ursprung und der Verbreitung des Lebens im Kosmos völlig neue Probleme aufwirft.

An dieser Stelle wollen wir nur eine Folgerung festhalten, die sich als historische Entwicklung leicht deutlich machen läßt:

Wie eine Gedenktafel an einem Haus der Hauptstraße Heidelbergs mitteilt, haben dort 1859 der Physiker Gustav Robert Kirchhoff und der Chemiker Robert Wilhelm Bunsen spektralanalytisch das Licht von Sonne und Gestirnen untersucht »und damit die Chemie des Weltalls erschlossen«. Das ist ohne allen Zweifel bis heute richtig. Die Untersuchungen Kirchhoffs und Bunsens haben den Astronomen gezeigt, daß das uns umgebende Weltall leuchtender Sterne aus den gleichen chemischen Elementen besteht, die wir von unserem Planeten Erde her kennen. Was sie bei ihren Untersuchungen registrierten, waren die Wellenlängen des für unser Auge sichtbaren Lichtes. Dieses Licht stellt nur einen vergleichsweise kleinen Ausschnitt aus dem Gesamtbereich der elektromagnetischen Schwingungen dar, von denen das Weltall voll ist. Die Radar-(Funkmeß-)Technik erlaubt es unserer Generation nun, viele Schwingungsarten aus dem All zu empfangen, sogar die organisch-chemischer, höchst kompliziert gebauter Moleküle! Die »interstellaren Wolken« erwiesen sich als ein Gemisch aus anorganischem und organischem Material!

Wir stehen damit vor einem grundsätzlich neuen Befund: Es sind nicht nur die chemischen Elemente überall im Weltall gleich, sondern es sind auch ihre chemischen Bindungsformen gleich!

Weil es so wichtig ist, dasselbe noch einmal: Es gibt in der Welt nur eine Art Chemie, die Chemie, die wir von unserem Planeten Erde kennen.

Vor uns beginnt sich die Chemie des Weltalls auszubreiten. Und das Verblüffende an ihr ist: Jene Verbindungen, die wir als die frühesten Ausgangsstoffe auf dem Wege zur Entstehung des Lebens annehmen, die Ursubstanzen des Lebensstoffwechsels, sind in dieser Kosmochemie in einem Ausmaß und einer Vielfalt enthalten, daß wir sehr ernsthaft überlegen müssen, ob nicht unsere Art von »Leben« im fernen Weltall, hier und dort, chemisch zwangsläufig, nach den Gesetzen der chemischen Reaktivität daraus hat entstehen müssen, ja aufgrund längerer zeitlicher und günstigerer chemischer Evolutionen anderswo sogar schon früher begonnen und zu höheren Arten von »Leben« geführt hat, als wir es von unserem Planeten heute kennen!

Dr. G. Winnewisser vom Max-Planck-Institut für Radioastronomie in Bonn (er gehört zu jenem Forscherteam, das grundlegende Entdeckungen über die neue organische Kosmochemie der Dunkelwolken erarbeitet hat) hat bereits 1974 die Situation, in der wir sind, vorsichtig so beschrieben: »Wir schließen daraus, daß die chemische Evolution wesentlich weiter fortgeschritten ist, als wir ursprünglich dachten.«

Ja, was dachten wir denn? Wir hielten es einfach und bequem für wahr und unabänderlich richtig, daß es außerhalb der Erde eigentlich nur eine tote anorganisch-chemische Welt gäbe. Eine Welt aus Gesteinen und Gasmassen – aus.

Was für ein geradezu gigantischer Irrtum!

Das Bild der Erde ist uns so vertraut wie die Straßenzüge unserer Städte. Unser Sonnensystem wird uns bald so bekannt sein wie unser Heimatland, und so gilt es nun, mehr Detailwissen über unsere Milchstraße zu erwerben, damit auch sie uns vertrauter werde, sie, unsere Sterneninsel im Weltall.

Der erste, der erkannte, daß die Milchstraße die Form eines elliptischen Diskus haben müsse, war der bedeutende klassische Astronom Friedrich Wilhelm Herschel (1738 – 1822). Er war genial, zumindest dreifach begabt, wie sein Lebenslauf zeigen sollte. Als junger Mann diente er bis zum 19. Lebensjahre in der hannoverschen Armee als Militärmusiker seinem König Georg II., der damals auch König von England war. Da er zwar die Musik, nicht aber das Militär schätzte, gelang es seinen Eltern, ihn vom Dienst zu befreien und ihn nach England zu »schmuggeln«, wo er nun als William Herschel bis 1766 ein gutes Auskommen als Organist und sehr erfolgreicher Musiklehrer in Bath fand.

Das sorgenfreie Leben bot ihm die Freiheit, nicht nur Latein und Italienisch zu lernen, sondern auch Mathematik und Optik zu studieren. Nachdem er ein Buch Newtons in der Hand gehabt hatte, wollte er gerne astronomische Beobachtungen machen – doch ein astronomisches Fernrohr war für ihn unerschwinglich. So begann er nun, seine handwerklichen Talente zu fördern und erst einmal optische Linsen für Teleskope zu schleifen. Man sagt, erst die 200. Linse, die er schliff, habe seinen hohen Forderungen an Qualität entsprochen. Im Jahre 1722 übersiedelte seine Schwester auch nach England, und bald stellten sie gemeinsam die perfektesten Fernrohre ihrer Zeit her.

Bei der Durchmusterung des Himmels fand Herschel – er folgte nun seiner wissenschaftlichen Begabung – 1781 ein helles Objekt, das er zuerst für einen Kometen hielt, dessen Bahn er aber als fast kreisförmig berechnete. Es mußte ein bisher unbekannter Planet der Sonne sein. Tatsächlich: Es war der Planet Uranus! Die wissenschaftliche Sensation war perfekt, und Herschel wurde jetzt mit Ehren überhäuft. Georg III. ernannte ihn zum Hofastronomen, mit einem Gehalt, das es ihm erlaubte, sich nun ganz der Astronomie zu widmen. Als er 1788 gar noch eine reiche Witwe ehelichte, war seine Arbeit frei von jeder finanziellen Begrenzung. Er reiste und traf mit den berühmtesten Zeitgenossen zusammen (von Napoleon, den er in Paris sah, zeigte er sich wenig beeindruckt). Nur ein Irrtum unterlief ihm: In seinem Modell der Milchstraße stellte er das Sonnensystem ins Zentrum. Es blieb dem US-Astronomen Harlow Shapley (1885 – 1972) vorbehalten, im Jahre 1918 diesen Irrtum richtigzustellen.

Die Milchstraße – nachts erkennen wir sie als ein Band von Sternen –, was ist sie in Wahrheit? Nun, die Wissenschaft kann uns ihre Länge und Ausdehnung nennen, kann vor uns eine Karte der Milchstraße ausbreiten – aber begreifen können wir sie nicht. Uns fehlen die Maßstäbe. Wir haben, seit wir bewußt auf der Erde existieren, in Maßen gemessen, die in unser Dasein paßten: Längen und Entfernungen in Fuß, in Ellen und Klaftern, Flächen »handgroß« genannt oder nach »Tagwerken« bemessen und Gewichte zum Beispiel nach »Steinen« (engl. Körpergewicht: stones!) angegeben.

Unsere heutigen wissenschaftlich-technischen Einheiten liegen immer noch in entsprechenden Größenordnungen, sind uns »anschaulich«. Wenn wir nun aber versuchen wollten, mit solchen Einheiten die Maße unserer Milchstraße anzugeben, wir würden uns die Zahlenwerte nicht einmal mehr merken können. Hier bleibt uns also nur noch die Möglichkeit, neue, passende Maßeinheiten zu wählen, und da wollen wir denn jene nehmen, mit der auch die Astronomen rechnen, das Lichtjahr.* Ein Lichtjahr ist diejenige Entfernung, die ein Lichtblitz in einem Jahr durchfliegt. Das sind 9,5 Billionen Kilometer ($9{,}491 \cdot 10^{12}$).

* Die Astronomen kennen auch die Einheit Parsec (pc), die etwa 3,2 Lichtjahren entspricht, sowie die Astronomische Einheit (AE) = 149,6 Millionen km.

Versuchen wir, einmal einen Begriff von diesen Entfernungen zu gewinnen, so denken wir erst einmal an die Entfernung Erde – Mond. Ein Lichtschein (oder ein Funksignal) benötigt gut eine Sekunde, um diese Entfernung zurückzulegen (Erde – Mond ca. 380 000 km/sec). Der erste Strahl der aufgehenden Sonne trifft bei uns auf der Erde nach rund 8,3 Minuten ein, d. h., die Sonne ist bereits seit etwa 8,3 Minuten »aufgegangen«, wenn wir sie über dem Horizont aufsteigen sehen; ebenso sehen wir sie abends noch 8,3 Minuten am Horizont, wenn sie in Wahrheit schon »untergegangen« ist. Wenn ein Raumreisender beim Saturn wäre, so würde er die Sonne erst eineinviertel Stunde nach dem »Aufgang« und dann wieder entsprechend verspätet untergehen sehen. Auf dem äußersten Planeten unseres Sonnensystems, Pluto, geht die Sonne gar mit fünf Stunden, 46 Minuten Verspätung auf und unter. Aber was sind fünf oder sechs Stunden schon gegen die Länge eines Jahres mit seinen 8760 Stunden? Und dann hätten wir erst ein einziges »Lichtjahr«, unsere Milchstraße aber hat einen Durchmesser von 100 000 Lichtjahren! Rund 27 000 Lichtjahre vom Zentrum dieses Sternen-Feuerrades entfernt fliegen wir mit unserem Sonnensystem in eben dieser Milchstraße durch einen Kosmos, der in jeweils angemessenen ungeheuren Abständen Millionen weiterer ähnlicher Milchstraßen (Galaxien) enthält.

Inseln im Universum

Die Astronomen haben ein Klassifizierungsschema für Milchstraßen erarbeitet. Über unsere eigene Milchstraße sammeln sie zur Zeit in raschem Fortschreiten immer neue Informationen und müssen doch erkennen, wie sehr wir hier noch am Anfang stehen. Die neu auftauchenden Fragen und Probleme überwiegen noch das gesicherte Wissen. Über die Verteilung, Bewegung und die Geschwindigkeiten der Gasmassen sowie die alten und neuen Sterne in unserer Milchstraße – Herschel hat sie bildhaft als eine »Insel im Universum« bezeichnet – werden wir noch viele Jahrzehnte Meßwerte sammeln müssen.

Besondere Rätsel wird uns noch das Zentrum unserer Milchstraße aufgeben, das von uns 27 000 Lichtjahre entfernt ist. Dort, wo die Massen an Sternen und Nebeln besonders dicht sind, entstehen und vergehen offenbar ständig riesige Sterne. Die Radioastronomen glauben dort sogar ein riesiges »Schwarzes Loch« nachgewiesen zu haben, ein »Objekt« von vielleicht 100 Millionen Sonnenmassen, das gravitationsbedingt mit so ungeheurer Geschwindigkeit in sich selbst zusammenbricht, daß sein Licht uns nicht erreichen kann. Eine andere Vermutung besagt, die Milchstraße sei in zwei breite Gasschichten eingebettet, etwa wie ein Spiegelei zwischen zwei Scheiben Toast. Einiges deutet darauf hin, daß im Zentrum unserer Milchstraße vor »erst« 12 oder 13 Millionen Jahren eine gigantische Explosion stattgefunden hat, bei der zehn Millionen Sonnenmassen an Gasen in das System geschleudert worden sind. – Es ist eine erschreckend gewalttätige Milchstraße, in der wir leben, weit entfernt davon, »fertig« zu sein oder eine abgeschlossene Schöpfung darzustellen.

Ob wir bereits alle physikalischen Gesetze kennen, die für das Geschehen im All verantwortlich sind, wird allerdings von manchen Astronomen, besonders von Astrophysikern, bezweifelt.

Was wir über unsere Milchstraße lernen können, ist selbstverständlich begrenzt. Wenn wir etwa einen Stern studieren wollen, der 100 000 Lichtjahre von uns entfernt ist, so bedeutet das ja, daß sein »Licht«, sei es nun sein sichtbares Licht, seine Radiostrahlung oder sonstige elektromagnetische Schwingungen, von diesem Sternengebilde vor nunmehr 100 000 Jahren ausgestrahlt worden sind. Inzwischen steht dieser Stern gewiß an einem anderen Ort, hat vielleicht seine Leuchtkraft und seine Strahlungsweise verändert, ist möglicherweise sogar schon vergangen. Wir können also stets nur erfahren, was dort am Rande unserer Milchstraße vor 100 000 Jahren einst geschehen ist! Was andere Milchstraßen angeht, etwa die Spiralgalaxie M 31 in Andromeda, einer unserer nächsten extragalaktischen »Nachbarn«, so ist sie 2,3 Millionen Lichtjahre von uns entfernt. Was wir von ihr an Informationen bekommen, ist also älter, als es überhaupt Menschen auf der Erde gibt, ist für uns also mehr als »vorgeschichtlich«.

Etwas anderes, sehr Menschliches kommt hinzu: Wir können zwar die Resultate der Erforschung ferner Sternensysteme nach Meßwerten, Daten und Fakten lernen, sie können sogar zum Inhalt unserer Lehrbücher, ja, der Schulbücher werden – verstehen oder gar »begreifen« können wir sie deshalb noch längst nicht. Die Dimensionen sind nach Entfernungen und Massen zu groß, als daß wir sie wirklich in unsere Vorstellungswelt einordnen und mit dem Wissen um sie zu leben vermöchten. Tatsache ist doch, daß wir bis heute immer noch von einer »aufgehenden« Sonne reden, obwohl wir nun seit Jahrhunderten wissen, daß nicht die Sonne »aufgeht«, sondern unsere Erde sich um ihre Achse dreht und wir hier einer Illusion erliegen.

Von unserem Sonnensystem hat unsere Generation ein anschauliches Bild erhalten – aber was darüber hinausgeht, bleibt uns fremd. Wir können die Weiten unserer Milchstraße noch nicht als unsere »Heimat« erfassen.

Und da gibt es Abermillionen Milchstraßen in den Weiten des Kosmos: Wer es bei der Vorstellung nicht mit der Angst zu tun bekommt, muß gänzlich ohne einen Funken von Empfinden sein!

4. Kapitel:
Der Mensch in seiner Zeit

Wie groß das Weltall ist und welche Vorgänge in ihm ablaufen, wissen wir erst in den Ansätzen. Dennoch fühlen wir uns bereits miserabel, denn was sind wir denn noch in diesem Getriebe? In kosmischen Maßen gemessen, sind wir ein Nichts, weniger, als wir es in einem Bakterium sehen, weniger als ein Virus, nur eine unmeßbare Kleinheit. Noch schlimmer ist aber unsere so kurze Lebenszeit! Weil wir jeweils nur wenige Jahrzehnte auf der Erde existieren, konnte der Eindruck entstehen, alles um uns her sei im großen und ganzen unveränderlich, sei stabil, sei so und nicht anders von Gott geschaffen – auf ewige Zeiten. Wer anderer Meinung war, gehörte auf einen Scheiterhaufen. Neue, revolutionäre Gedanken, damit kann kein Staat, keine Kirche einverstanden sein.

Ach, mit der Gedankenfreiheit ist es seit jeher schlecht bestellt gewesen. Denken wir nur wieder an die demokratische Verurteilung des Sokrates zum Schierlingsbecher durch das Volk von Athen im Jahre 399 v. Chr. mit der knappen Mehrheit von 280 zu 220 Stimmen. Es liegt nur scheinbar in weiter Ferne. Noch im Frühjahr 1966 wurde in Little Rock/USA eine Biologielehrerin entlassen, weil sie meinte, ihren Schülern auch die Evolutionstheorie erklären zu müssen. Erst im März 1981 entschied dann der Gouverneur des US-Staates Arkansas halbherzig: Die Schöpfungslehre und die Evolutionslehre sind in den öffentlichen Schulen gleichwertig zu behandeln. Aber schon wenige Wochen später hatte sich ein Gericht erneut mit dem Thema zu befassen. Die Bibelgläubigen wollten ihre Lehre als die allein geltende durchsetzen. Ihr Kriegsgeschrei lautete: Die »Wissenschaft« von der Evolution in der Natur ist nicht nur antibiblisch, sie ist auch unchristlich. Sie ist die pseudowissenschaftliche Grundlage von Atheismus, Sozialismus und Faschismus und vieler anderer falscher und gefährlicher Philosophien. Die Bibel ist unser Lehrbuch.

Wenn Darwin noch gelebt hätte, dort gelebt hätte – er wäre gewiß gelyncht worden.

Nun ja, zwischen Sokrates und Darwin liegen eben nur runde 2000 Jahre, und so rasch verläuft die Evolution des Menschen nicht, daß zwei Jahrtausende ihn viel weiterbrächten. Mensch bleibt Mensch, oder? Besonders, was seine Überheblichkeit angeht:

»Unsere Erde ist ein vergleichsweise kleiner Weltkörper.« Dieser Satz klingt zunächst freundlich und bescheiden – und ist doch so unverschämt und arrogant wie kaum ein anderer. Woher nehmen wir die Anmaßung, die Erde »unsere« Erde zu nennen? Wir Menschen existieren doch überhaupt erst 3,75 Millionen Jahre auf der Erde. Und dieser Wert ist schon recht hoch gegriffen. Er gründet sich auf eine menschliche Fußspur, die in Ostafrika (Laetoli/Kenia) entdeckt wurde. Die frühesten Spuren von anderem Leben auf der Erde sind fast genau tausendmal älter! Der Mensch ist eine Neukonstruktion der Entwicklung und wirklich nicht berechtigt, die Erde »seine« Erde zu nennen – nur weil es ihn massenhaft auf ihr gibt und er sich allerorten auf ihr tummelt. Nein, da ist kaum eine Gruppe von Pflanzen oder Tieren, die nicht bessere, frühere und längere Ansprüche darauf hätte, diesen Weltkörper »ihre« Erde nennen zu dürfen.

Wir gehören der Erde

Die Erde gehört nicht uns, sondern wir gehören der Erde, wir sind ihre Geschöpfe, werden von ihr gestaltet und in Grenzen gehalten. Boden, Wasser, Licht und Luft bietet sie uns ausreichend, oft etwas karg. Die Rotation der Erde um ihre Achse bestimmt den Tag- und Nachtwechsel, dem wir unterliegen. Auf ihrem Weg um die Sonne läßt die Erde uns den Wechsel der Jahreszeiten gelegentlich bitter spüren. Eigentlich müßten wir tagtäglich darüber glücklich sein, daß sie uns mit Erdbeben, Vulkanausbrüchen, Eiszeiten, Sturmfluten und Dürren immer noch nicht ausgerottet hat.

Es ist eine biblisch-unchristliche Anmaßung zu glauben, die

Erde sei für den Menschen gemacht. Mit viel Not und unsäglicher Mühsal hat es der Mensch langsam gelernt, sich auf der Erde zu behaupten. Eine Erde, die ihm angemessen wäre, müßte wesentlich anders aussehen als das Gestirn, auf dem er sich plagen muß. Dem biblischen »Auftrag«, sich die Erde »untertan« zu machen, wird er nie entsprechen können. Dieser mag bestenfalls dazu dienen, die Greueltaten der Menschen an der Natur zu »entschuldigen«.

»Gott schuf den Menschen nach seinem Bilde.« Noch so ein vermessenes Wort! Gott dem Menschen ähnlich? Welch kümmerlicher Gott müßte das sein? Wir sind nichts als eine im Evolutionsablauf vorgegebene Entwicklungsform, die kam und einst vergehen wird, so wie sich vor uns andere Lebensformen entwickelt haben und heute vergangen sind.

Im Zeitablauf sind wir Menschen eine relativ neue und unserem subjektiven Glauben nach die derzeit höchste Evolutionsstufe, zugegeben. Doch tatsächlich kann niemand von uns auch nur sagen, ob diese Evolution »vorwärts« oder »rückwärts« geht. Nur daß die neueren, »höheren« Lebensformen immer komplizierter werden und damit auch umweltempfindlicher, wie es der Fall zu sein scheint.

Zwei weitere Ergebnisse der modernen Naturwissenschaften passen so gar nicht zum überlieferten Bild unseres Schulwissens und noch weniger in die Vorstellungswelt der Religionen unserer Zeit, passen nicht denen, die eine Evolution verneinen möchten.

Da ist erstens der Zeitfaktor:

> Das Leben durchlief seine Entwicklung in 3,7 Milliarden Jahren.
>
> Die Erde, als fester Weltkörper, ist circa 4,7 Milliarden Jahre alt – und ebenso alt sind die Sonne und ihre Planeten.
>
> Unser Kosmos aber, von dem die Schöpfungsgeschichten der Völker kaum Notiz nehmen, ist etwa 18 Milliarden Jahre alt. (Einige Physiker meinen sogar 21 Milliarden Jahre.)

Als Fazit bleibt also die Erkenntnis: Sogar unsere Sonne, mit Erde und Mond, mit Planeten und Kometen, ist eine relativ neue Erscheinung »am Himmel«.

Schreiben wir uns das noch einmal in einer Art Zeitskala auf:

Vor 18 000 000 000 Jahren beginnt unser Kosmos zu existieren.

Vor 4 700 000 000 Jahren entsteht die Erde.

Dazwischen liegen also 13 300 000 000, in Worten: 13,3 Milliarden (!), Jahre!

Der Mensch tritt auf der Erde vor 3,75 Millionen (!) Jahren auf. Mit anderen Worten: als die Erde bereits 4 696 250 000 Jahre existierte.

Bezogen auf das Alter des Kosmos, der Welt, gibt es den Menschen erst seit so kurzer Zeit, daß er in der Meßgenauigkeit unserer Physik und Astronomie »im Bereich der Fehlergrenzen« der Messungen liegt.

Menschen auf anderen Gestirnen?

Ganz miserabel präsentiert sich unsere Situation, wenn wir die zweite Überlegung anstellen:

Die Astronomen schätzen die Zahl der Sterne in den bisher von uns erkannten Weiten der Welt auf etwa 10^{23} Sterne. Schreibt man diese Potenzzahl aus, so steht da eine Eins, und hinter ihr folgen 23 Nullen. Wer will, mag sich die Zahl am Rand einer Seite dieses Buches aufschreiben – begreifen wird er sie dennoch nicht. Unter diesen 10^{23} Sternen müssen viele sein, die der Erde ähnlich sind. Einige Astronomen glauben, jeder hundertste Stern etwa sei erdeähnlich, das wären dann immer noch 10^{21} Sterne oder Planeten.

Gehen wir nun davon aus, daß die physikalischen und chemischen Gesetze überall im Kosmos in gleicher Weise gelten und die Entstehung des Lebens somit auf allen erdeähnlichen Weltkörpern entsprechend abläuft, so muß die Lebensentwicklung dort jeweils nach rund einer Milliarde Jahren begonnen haben. Wir müssen also noch einen Zeitfaktor berücksichtigen. Seien wir großzügig und nehmen wir vom verbliebenen Rest wieder nur ein Prozent, so verbleiben 10^{19} Erden, die Leben tragen oder dereinst Leben tragen werden.

Der Mensch tritt relativ spät, erst nach 3,7 Milliarden Jahren, in Erscheinung. Wenn wir also überlegen wollen, an wieviel Stellen es in der Welt »Menschen« geben mag, »vernunftbegabte Wesen«, so dürfen wir von den 10^{19} »Erden« nur etwa den tausendsten Teil in Erwägung ziehen. Es verbleiben dann noch 10^{16} Weltkörper, die von Menschen bewohnt sein können.

Wer will, mag sich nun noch weitere Einflüsse und Möglichkeiten ausdenken, um diese Zahl weiter zu vermindern, etwa jene Weltkörper abziehen, auf denen das Leben vergangen oder der Mensch schon ausgestorben ist, am Resultat ändert sich darum nichts: Auf Abermilliarden weiterer »Erden« muß es nicht nur »Leben«, sondern auch »Menschen« geben – nicht nur auf unserer Erde!

Gegen diese Aussage sträubt sich alles in uns. Die bisher im Verlauf der Geschichte von uns entwickelten Religionsformen und unser Schulwissen können einfach nicht akzeptieren, daß wir Menschen ein so unbedeutender Faktor sein sollen, ein Massenprodukt der Natur. Wo bleibt unsere Vorrangstellung, auf die wir uns so viel einbilden? Unser »Weltbild«, unsere Existenzbegriffe – alles gerät ins Rutschen. Uns erwächst nur ein Trost: Wenn wir unbedeutend sind, wie unwichtig und unerheblich werden dann auch unsere Alltagssorgen! Ob wir uns auf die eine oder andere Weise verhalten, im Gesamtergebnis ist das relativ gleichgültig.

Andererseits gewinnt so jeder von uns die Freiheit des Handelns in einem Rahmen, der weit größer ist, als er es bisher meinte; selbst extreme Verhaltensweisen werden »interkosmisch« normal. Und wenn wir irgend etwas für eine »besondere« Schöpfung Gottes gehalten haben oder für einen »Zufall« – je nach Einsichtsvermögen des Betreffenden –, etwa den Bau einer Blüte, die Organisation eines Auges, die

Kompartimentierung einer Zelle, so ist eben dies nun nicht mehr ein »Wunder« (wie wunderbar es für uns dennoch bleibt!), sondern interkosmisch gewiß nur noch das »übliche Bauprinzip« während einer bestimmten Entwicklungsstufe im All.

Zufall, Wunder oder Evolution?

Schauen wir unsere Lage doch einmal mit anderen Augen an. Da geschieht in unserem Leben etwas, das wir »ein Wunder« nennen. Wir nennen das Ereignis deshalb so, weil wir die Ursachen, die dazu führten, nicht begreifen, die Faktenkette der Ursachen nicht überblicken können. Überlegen wir uns, ob das »Wunder« nicht doch eben natürliche Ursachen hat: Es kann »normal« werden, wenn wir nicht unsere kurze Lebenszeit zugrunde legen, sondern, sagen wir einmal, einige Jahrmillionen. Schon wird das »Wunder« zu einem Ereignis statistischer Wahrscheinlichkeit, sei es nun die Begegnung der Erde mit einem Kometen oder die Heilung eines Lahmen. Aus der Seltenheit von »Wundern« hätten wir eigentlich schon längst schließen sollen, daß die Welt älter und größer ist, als wir es ehedem glaubten.

Wir können die »Fix-und-fertig-Schöpfung«, an die wir ehedem glaubten, heute nicht mehr als wahr begreifen, und da ist es vielleicht gut, wenn wir uns einmal klarmachen, daß die Bibel beispielsweise gar keine »Schöpfung« beschreibt, sondern eine Evolution, und dem Menschen sogar den Auftrag gibt, sie zu verändern! In der ersten, gewissermaßen physikalischen Phase werden aus dem »Chaos« Erde, Sonne und Mond, dann entwickeln sich die Land- und Wasserflächen auf der Erde. In der anschließenden biologisch-chemischen Phase folgen zeitlich Pflanzen, Tiere und Menschen. Was ist das anderes als Evolution? Und auch unser Alltag, bestätigt er nicht immer neu ein Evolutionsprinzip? Da keimt ein Samen, wird zur Pflanze, die blüht und befruchtet wird, neuen Samen bildet und vergeht. Generationen von Tier und Mensch wachsen heran und verschwinden wieder, wechseln durch Kreuzung und Mutation Form, Farbe und Charakter, sterben aus und werden durch neue Arten ersetzt.

Der Streit, ob »Schöpfung« oder »Evolution«, ist ohne Sinn, wenn wir uns dazu verstehen können, daß in ferner Zeit ein Prozeß eingesetzt hat, der heute noch als »Schöpfung« weiterläuft und zugleich »Evolution« ist.

Was wir nicht begreifen können, ist die Größe, das uns Lebende erdrückende Ausmaß dieses Prozesses. Was die Masse des darin eingeschlossenen Materials, die riesigen Entfernungen, auf die er sich erstreckt, und die kosmischen Energien angeht, so stehen wir hilflos staunend da. Der Zeitfaktor dieser Evolution bringt uns in einige Schwierigkeiten, doch die Zahlenwerte, um die es da geht, sind uns einigermaßen vertraut. Eine Million, das können beispielsweise eine Million Menschen sein, also so viele Menschen, wie etwa in einer Großstadt leben. Oder es kann sich um eine Million DM handeln, also soviel Geld, wie heute ein Doppelhaus kostet. Eine Million Quadratmeter sind eine noch übersehbare Fläche, 1000 Meter lang und 1000 Meter breit, ein Quadratkilometer. Auch der Begriff der Milliarde ist für uns noch einigermaßen faßbar. Der Finanzminister eines Landes rechnet heute mit einem Etat von 250 Milliarden noch ganz geläufig und ohne sich jeweils immer neu klarzumachen, daß eine Milliarde Mark schließlich doch 1000 Millionen Mark sind. Wenn er auch nur eine Milliarde seines Etats in Markstücken nachzählen müßte, würde er bei einem 10-Stunden-Arbeitstag fast 60 Jahre brauchen. Um für jedes der 4,7 Milliarden Jahre unseres Erdalters eine Mark hinzuzählen, wären somit 282 Arbeitsjahre notwenig. Das Gewicht dieser Markstücke betrüge dann 25 850 Tonnen! Eine Milliarde, das war auch die Bevölkerungszahl Chinas im Jahre 1982 (jährlicher Zuwachs etwa 13,6 Millionen).

Wenn wir uns die Zahl »eine Milliarde« nun auch immer noch nicht bildhaft vorstellen können, so sehen wir doch, daß sie unserem Alltag zugehört, gewissermaßen noch eine

»menschliche« Zahl ist. Wenn wir also vom Alter unserer Erde mit 4,7 Milliarden Jahren sprechen, so ist es als Zahl ein noch einigermaßen einzuordnender Wert. Aber was ist mit den Jahren? Was ist eigentlich ein Jahr? Die Frage scheint leicht zu beantworten – ist es aber nicht. Die Antwort 365 Tage oder 12 Monate ist so einfach nämlich nicht richtig.

Tage und Jahre

Sehen wir uns erst einmal an, was ein Tag ist. Ein »Tag« ist die Zeit, die die Erde braucht, um sich einmal um ihre Achse zu drehen, um 360°. So haben wir es gelernt, daß es nicht stimmt, wissen nur die wenigen, die einst einen guten Physiklehrer hatten oder Spezialisten geworden sind. Die Spezialisten könnten stundenlang darüber reden, halten wir uns an unseren alten Lehrer. Er sagt: Falsch, wir müssen bedenken, daß sich die Erde in einem Tag auch ein Stück um die Sonne bewegt. Es braucht also etwas länger, bis eine bestimmte Stelle der Erde wieder der Sonne gegenübersteht (Sonnentag). Die Zeitdauer für so einen Tag wechselt im Jahresverlauf; sie kann bis zu 28 Sekunden länger oder kürzer sein als die Zeit von 24 Stunden.

Mit dem Monat ist es noch schlimmer. Die Umlaufdauer des Mondes um die Erde stimmt mit unseren Monatslängen schon gar nicht überein. Um die 360° um die Erde zu durchlaufen, benötigt er 27,32 Tage. Da die Erde aber gleichzeitig um die Sonne zieht, braucht er von Vollmond bis Vollmond 387° oder 29,5305879 Tage.

Mit dem Zeitraum von »einem Jahr« ist es gänzlich zum Verzweifeln. Die Erde benötigt für einen Weg um die Sonne

365,25636042 Tage.

Da die Erde ein zur Sonne schiefstehender Kreisel ist, der also auch den höchst komplizierten Gesetzen der Kreiselbewegungen gehorcht, dauert es aber nur

365,24219879 Tage,

bis zum Beispiel die Tagundnachtgleichen des Frühlings eintreten. Unser Jahreszeitenjahr ist also etwa 20 Minuten kürzer als das Sonnenumlaufsjahr (siderisches Jahr). Also kann die normale Kalenderzählung nie genau stimmen, und sie sollte uns ohnehin gleichgültig sein, denn wirklich wichtig für unser Dasein auf der Erde sind ja nicht abstrakte Zählungen von Tagen, sondern die Jahreszeiten mit Aussaat, Reife und Ernte.

Wenn man nun wenigstens sagen könnte: Ein Jahr sind exakt soundso viele (ganze) Sekunden. Aber selbst das geht nicht, wie jeder von uns weiß, der in den Silvestermeldungen jedes Jahr lesen mußte: Um eine Zeitverschiebung auszugleichen, muß dieses Jahr wieder künstlich um eine Sekunde verlängert werden, sonst laufen unsere Uhren falsch.

Ob die Erde die Sonne immer langsamer umrundet? Bislang glauben wir, daß ihr Flugtempo relativ konstant geblieben ist. Für die Tageslängen trifft das mit Sicherheit nicht zu: Unsere Erde dreht sich ständig langsamer um ihre Achse. Die Jahresringe des Wachstums alter Korallenstöcke und Muscheln beispielsweise belegen, daß zur Devonzeit – das ist erst so um die 300 Millionen Jahre her – die Erde sich noch etwa 400mal im Jahr um ihre Achse drehte, das Jahr damals noch 400 Tage hatte! Für die Frühzeit des Lebens auf der Erde, also für die Zeit vor circa 3,5 Milliarden Jahren, werden gar 400 bis 800 Tage pro Jahr angenommen!

Kalender und ihre Fehler

Mit der kalendarischen Ordnung des Zeitablaufes haben sich alle Kulturen schwergetan. Zunächst mußte einmal das Jahr in vernünftige Zeitabschnitte aufgegliedert werden.

Recht genial, wenn auch nicht einfach, war der Kalender der Griechen, nachdem ihr berühmter Astronom Menton (geb. ca. 460 v. Chr.) herausgefunden hatte: 235 Mondmonate sind fast exakt 19 Jahre. So wurde der Mentonsche Cyclus von 19 Jahren aufgeteilt in

12 Jahre zu 12 Monaten und
7 Jahre zu 13 Monaten.

Das paßte gar nicht übel, das Jahr hatte so im Durchschnitt 365 ¼ Tage, aber bequem war solch ein Kalender nicht.

Der islamische Kalender geht ebenfalls von den Mondmonaten aus, die 29 bzw.30 Tage haben, wozu alle elf Jahre ein Extratag kommt. Damit kommt der Kalender des Islam auf die erstaunlich zutreffende Durchschnittsmonatslänge von 29,5305 Tagen! Leider beginnt dieser Kalender erst mit der Flucht Mohammeds von Mekka im Jahre 622 n. Chr.

Unser heutiger Kalender ist aus dem römischen Kalender erwachsen, die Monatsnamen bezeugen das. Das Jahr fing mit dem März an und hatte normal 355 Tage. Es gab Schaltjahre, die den offensichtlichen Fehler in der Jahreslänge ausgleichen sollten. Befriedigt hat dieser Kalender nicht. Caesar ordnete 46 v. Chr. endlich den Kalender, der inzwischen so »falsch« lief, daß unter anderem erst einmal ein Korrekturjahr mit 445 Tagen notwendig wurde. Sein neuer Kalender zählte 365 Tage und in jedem vierten Jahr ein Schaltjahr mit 366 Tagen.

Vermutlich geht dieser Kalender letztlich auf den in Alexandria beheimateten Griechen Eratosthenes (276–196 v. Chr.), einen Astronomen, zurück.

Leider ging auch diese Sache schief: Anstatt jedes vierte Jahr zu einem Schaltjahr von 366 Tagen zu machen, wurde jedes dritte Jahr als Schaltjahr genommen. Zur Zeit Karls des Großen war es denn auch ganz offensichtlich, daß die Jahreszeiten nicht mehr mit dem Kalender übereinstimmten (an Klimaänderungen dachte damals noch kein Mensch). Ostern, als Beispiel genommen, lag einfach zu früh. Also war wieder einmal eine Reform fällig. Sie kam amtlich 1581, exakter gesagt 1582, denn die offizielle päpstliche Kalenderreformbulle wurde noch nach einer Jahreszählung ausgefertigt, die mit dem 25. März begann. Zuerst einmal mußte der alte Kalender um zehn Tage berichtigt werden. Sodann wurde geregelt:

1) Jedes Jahr mit einer durch 4 teilbaren Jahreszahl ist ein Schaltjahr und bekommt zusätzlich einen 29. Februar.

2) Volle Jahrhunderte sind Ausnahmen und werden nicht zu Schaltjahren (obwohl durch 4 teilbar).

3) Von dieser Regel 2 machen wir erneut eine Ausnahme: Jahreszählungen, die durch 400 teilbar sind, bleiben Schaltjahre. So wird also das Jahr 2000 ein Schaltjahr sein!

Dieses nicht ganz einfache System von Zeitzugaben und Zeitabzügen führt nun zu 97 Schaltjahren je 400 Jahre, und das gibt dann eine mittlere Jahreslänge von

365,2425 Tagen gegenüber dem wahren Wert von
365,24219 Tagen.

Die nun erreichte geringe Sekundenabweichung vom Idealjahr führt dadurch erst nach 3300 Jahren zu einem Kalenderfehler von einem Tag!

Vorerst wollte niemand diesen neuen Kalender haben. Bis heute gibt es sogar viele, die ihn nicht wollen, weil er für unser Alltagsleben unpraktisch ist. Die Wirtschaft und alle, die Statistik betreiben, finden es äußerst lästig, daß die Länge der Monate zwischen 28 und 31 Tagen schwankt, daß das neue Jahr jeweils mit anderen Wochentagen beginnt, daß die Jahre nicht einmal gleich lang sind. Selbst die Kirchen sind unzufrieden: Ostern, Himmelfahrt und Pfingsten wechseln im Datum. Aber was 1582 die Gemüter wirklich erregte, war etwas anderes: Die päpstliche Bulle verkündete, nach dem 4. Oktober solle nun der 15. Oktober folgen! Wer konnte oder mochte das begreifen? Im englischen Parlament lehnte man das Ansinnen, diesen Kalender einzuführen, denn auch ziemlich einmütig ab. Als man schließlich im Jahre 1752 nachziehen mußte, galt es nun sogar elf anstelle von zehn Tagen zu überspringen, und prompt gab es Kritik: Wir haben für einen Monat Pacht und Mieten gezahlt, mehr als das, die Regierung stiehlt uns elf Tage unseres Lebens! (Die Bürokraten Englands haben sich übrigens bis heute nicht zur Kalenderreform durchringen können, in Großbritannien beginnt das Steuerjahr immer noch am 1. April.)

Eine neue Kalenderreform wäre denkbar. Bei den Vereinten Nationen liegt bereits seit 1956 ein entsprechender Antrag vor.

Da heißt es:

1) Jeder 1. Januar soll ein Sonntag sein.

2) Der letzte Tag des Jahres hat keinen Wochentagsnamen.

3) Der erste Monat jedes Quartals hat 31 Tage, alle anderen Monate haben 30 Tage.

4) Die bisherigen Schaltjahrsregeln bleiben, der Schalttag aber folgt dem 30. Juli – ohne Wochentagsnamen.

5) Die Kirchenfeste werden konstante Tage.

Ob es je zu diesem Kalender kommt, bleibt abzuwarten. Ein Fehler, den er haben würde, ist bereits erkannt: Er würde eines zerstören, das bisher wenigstens unverändert durch unsere ganze Zeitgeschichte gelaufen ist: unsere Folge der Wochentage.

Eine »Weltgeschichte«

Der Faktor Zeit bleibt für unsere Begriffswelt schwer faßbar. Würden wir uns eine »Weltgeschichte« in Jahrmilliarden aufzeichnen, so würden wir vier Zeitbereiche erkennen. Nehmen wir einmal an, unsere Welt sei zwanzig Milliarden Jahre alt, genau mag sich da heute noch niemand festlegen. Das ist ein riesiger Zeitraum, was deutlich wird, wenn wir uns daran erinnern, daß viele Gelehrte eine Milliarde Jahre bereits als ein »Äon« bezeichnen; das aus dem Griechischen stammende Wort heißt soviel wie »Unendlichkeit«. Wenn wir diese zwanzigfache »Unendlichkeit anschauen, so finden wir für die ersten fünf Milliarden Jahre einige Geschehnisse vermerkt, die alle nur aus theoretischen Überlegungen und langwierigen Rechnungen sich ergeben. Es sind experimentell unbewiesene Vorstellungen, die wir vom Schöpfungsbeginn haben. Danach trennt uns ein »Zeitloch« von rund 10 Milliarden Jahren vom Beginn des Wachstums unseres Sonnensystems. Das wichtigste und für uns alle entscheidende Ereignis dieser Zeitperiode ist die Entstehung des Lebens, das wie fast alles, was sich hier in kleinerem Rahmen abspielt, nun entscheidend auf chemischen Prozessen beruht, zumeist noch auf recht energiereichen anorganisch-chemischen Reaktionsabläufen. Was die vierte Zeitepoche, die letzten 0,6 Milliarden Jahre, angeht, so stehen wir hier wissenschaftlich gesehen auf ganz soliden Fundamenten. Jeder, der es möchte, kann in jedem größeren naturgeschichtlichen Museum sichtbare und »begreifbare« Belege für die Ereignisse dieses Schöpfungszeitraums finden. Für diese Zeit haben wir guterhaltene und zweifelsfrei datierte Versteinerungen, nicht nur von den entsprechenden Pflanzen und Tieren, sondern auch von ihrem Zusammenleben, ihre Kriechspuren im verfestigten Schlamm und Sand, ihre Wohnhöhlen, kurz, wir kennen nicht nur ihre Formen und ihren organischen Aufbau, sondern auch ihre Lebensweise. Die Energie, die für diesen Entwicklungsschritt maßgebend ist, ist die bei organisch-chemischen Reaktionen freiwerdende Energie. Biochemische Umsetzungen sind das Charakteristikum unserer allerneuesten Zeit.

Wenn wir hier einmal von den in den verschiedenen Zeitepochen unseres Schöpfungsablaufes entstehenden Produkten absehen und statt dessen die umgesetzten Energien betrachten, so finden wir:

1) physikalische Reaktionen riesiger Energiefreisetzungen im Einzelereignis, wenn sie ausklingen,

2) hochenergiereiche anorganisch-chemische Reaktionen, denen

3) energieärmere organisch-chemische Umsetzungen folgen;

4) die mit kleineren Energiebeträgen verbundenen biochemischen Stoffwechselreaktionen der Lebewesen.

Was wir heute an Leben um uns sehen, entstand aus jeweils geringen Energieumsetzungen und hat nur Bestand, weil die Kräfte der Urzeit erloschen sind. Damit erhebt sich für uns die Frage, ob eine künftige Evolutionsepoche, bei der ein wiederum geringerer Typ von Energie entscheidend wirksam wird, denkbar ist.

Werden solche Kräfte dann über Nervenfunktionen oder Lern- und Erinnerungsvermögen neuen »Super-Wesen« ihre Existenz erlauben? – Alles das ist nichts als Spekulation, aber daß dem Menschen einst weiterentwickelte Wesen folgen werden, darf als sicher gelten. Über eine solche Evolutionsstufe nachzudenken ist gewiß erlaubt.

Betrachten wir summarisch, was wir über die Ereignisse wissen, die unsere »Weltgeschichte« ausmachen, so ist es nicht gerade viel. Da gibt es noch große Unsicherheiten und »leere« Zeiträume. Aber wie sollte das anders sein? Um einen Zeitbereich von 20 Milliarden Jahren mit gesicherten Fakten zu füllen, müßte man mehr naturwissenschaftlich genutzte Forschungszeit haben, als die Menschheit bislang aufbringen konnte. Es sind ja kaum 200 Jahre, in denen wir einigermaßen exakte Meßwerte gesammelt haben. Wer wollte so vermessen sein zu glauben, in einem derart kurzen Zeitraum ließe sich ein 20-Milliarden-Jahre-Ablauf erforschen? Sind es doch nur etwa ein tausendstel Prozent der Zeit, um die es hier geht. Das ist so, als wollte man während eines Tages alles erforschen, was sich während der vergangenen 274 Jahre abgespielt hat.

Zeig mir die Zeit

Wenn wir von historischen Zeitabläufen reden, so sprechen wir von Ereignissen, die im Verlauf der Zeit stattgefunden haben, aber wissen wir deshalb auch, was die Zeit selbst ist? Versetzen wir uns einmal in die Lage eines Lehrers, der seine Schüler mit den Grundbegriffen der Physik vertraut machen will. Eine Entfernung kann er leicht demonstrieren und mit einem Zentimetermaß vermessen. Eine Masse, etwa ein gewichtiges Stück Eisen, kann er vorzeigen und mit der Waage exakt das Gewicht dieser Masse bestimmen. Sobald er aber von der Zeit sprechen will, so kann er sie zwar mit einer Uhr messen – aber vorzeigen kann er sie nicht!

Was ist das denn nun wirklich: die Zeit?

Gehen wir in die Bibliothek eines großen Physikinstitutes und schlagen wir dort in einem Handbuch nach. Irgendwo vorne, gleich im ersten Band, steht es lapidar: »Die Einheit der Zeit ist die Sekunde.« Irgendwo, in einem späteren Band dieses großen Werkes, stehen dann einige hundert Seiten über die »Zeitmessung«, über Sanduhren, Wasseruhren, Sonnenuhren, Pendeluhren bis hin zur Quarzuhr und Atomuhr – aber was die Zeit ist, davon steht dort nichts. Nur eines scheint richtig, es gibt nicht einmal echte Zeitmessungen; immer wenn wir den Ablauf der Zeit messen, messen wir in Wahrheit eine Wegstrecke! So weit ist Sand geflossen, so weit floß Wasser aus, so weit war der Weg, den ein Pendel zurücklegte – nur beim radioaktiven Zerfall, wie er etwa bei der Radio-Kohlenstoff-Datierung benutzt wird, scheint die Zeitmessung nicht durch eine Längenmessung ersetzt zu sein.

Zeit ist für uns nicht faßbar. Aus der ablaufenden Zeit können wir keine Portion herausschneiden, sie aufbewahren oder irgendwo hinzufügen, wir können die Zeit weder anhalten noch beschleunigen oder auch nur bremsen. Nur an Ereignissen und ihren Folgen können wir uns zeitlich orientieren. Das, was geschieht, was passiert, das ergibt für uns »die Zeit«.

Meisterhaft hat solche Gedanken als einer der ersten in den zwanziger Jahren unseres Jahrhunderts der große englische Astronom und Physiker Arthur Stanley Eddington (1882 – 1944) dargestellt. Er war ein »Wunderkind« – mit 25 Jahren wurde er bereits Professor und mit 26 Jahren Direktor des Astronomischen Observatoriums der Universität Cambridge. Als hervorragender Mathematiker erkannte er sogleich die Bedeutung der Einsteinschen Relativitätstheorie. Von seinen Überlegungen können wir hier nur einige Resultate erwähnen, die uns aber weitreichende Einsichten in unsere Fragestellung gestatten.

Gehen wir einmal von der bekannten Alltagsbeobachtung aus, daß alles, was um uns herum geschieht, aus bereits Bestehendem folgt und jedes neue Ding seine Ursache hat, so ist leicht einzusehen, daß es umgekehrt in der Vergangenheit weniger Dinge und Fakten gegeben haben muß, aus (oder mit) denen etwas geschehen konnte. Die hinter uns liegende, vergangene Welt war stets einfacher und überschaubarer geordnet, als es unsere Gegenwart ist. Eddington formuliert das so: »Je weiter wir in die Vergangenheit zurückgehen, desto mehr Organisation finden wir in der Welt.« Das erlaubt uns eine Aussage für den Anfang unserer Zeit, denn das bedeutet ja nichts anderes, als daß zum Beginn der Zeit alles geordnet gewesen ist – wie es auch die Bibel vermerkt, wenn Gott in den ersten Schöpfungstagen alles ordnet, Licht/Finsternis, Wasser/Festland usw. Dann erst »passiert« etwas, und die göttliche Ordung nimmt ab, die Zeit beginnt zu »laufen«.

Wenn wir diesem Gedanken folgen und an die Zukunft denken, so muß einst zwangsläufig ein Zustand der absoluten Unordnung erreicht werden, das »Chaos«. In diesem Zustand kann keine chemische oder physikalische Reaktion mehr stattfinden, nichts kann mehr geschehen, das Ende der Zeit ist erreicht!

Wenn wir weiter spekulieren, so kann nun ein neuer Schöpfungsprozeß durch einen Allmächtigen beginnen. Eine bedrückende Vorstellung, alles müsse dann – den bestehenden Naturgesetzen gemäß – wieder auf exakt gleichen Evolutionswegen voranschreiten, gleiche Formen, Organismen und Existenzformen hervorbringen – und das im ewigen Wechsel?

So sehr wir eine solche Vorstellung im (Aber-)Glauben an unsere Einmaligkeit ablehnen, so wenig neu ist sie im Prinzip. Bereits vor Jahrzehnten haben Physiker eben diese Theorie zur Diskussion gestellt: Unser Universum dehnt sich heute explosionsartig aus (was als sicher gelten darf), einst aber wird es dann beginnen, sich wieder zusammenzuziehen, und so ewig zwischen Ausdehnung und Kontraktion wechseln. Der Gedanke an ein derart »oszillierendes Weltall«, wie man es nennt, ist grausam. Der Alptraum einer Wiedergeburt ist dagegen ja noch fast erträglich.

Was uns hier zu vermerken bleibt, ist jedenfalls, daß die Zunahme der »Unordnung« der Materie des Kosmos bis zu ihrem Nicht-mehr-weiterreagieren-Können (die Physiker sprechen von der Zunahme der »Entropie«* und postulieren einen »Wärmetod» des Alls) für uns das einzige objektive Merkmal für die Richtung des Ablaufs der Zeit bietet.

Ordnung aus der Unordnung

Gewisse Schwierigkeiten macht es uns allerdings, zu sagen, was wir unter Ordnung und Unordnung verstehen. Ein Mathematiker wird vielleicht meinen, »Ordnung« ließe sich stets durch eine einfache Gleichung beschreiben. Ein General mag in einer angetretenen Kompanie junger Männer gleichen Jahrgangs, gleicher Uniformierung und Bewaffnung und nach der Größe geordnet die ideale »Ordnung« sehen. Ein Naturforscher mag dagegen noch im wirren Gewimmel eines Ameisenhaufens das Ordnungsprinzip erkennen. Sollte es da nicht der Natur möglich sein, neue Ordnungen zu schaffen, eventuell unter dem »Opfer« größerer »Unordnung« an anderer Stelle? Es war der deutsche theoretische Physiker Hermann Haken, geboren 1927, der 1970 hierzu ein ganz neues Konzept entwarf, die Lehre von der »Synergetik«.

Das Wort »Synergetik« hat er aus dem Griechischen abgeleitet. Es bedeutet so viel wie »die Wissenschaft von der Kooperation«. Wie es scheint, ist die neue Einsicht so grundlegend, daß sie in wenigen Jahren fester Lehrbestandteil auch der Schulbücher der Physik sein dürfte. Worum geht es? Da haben wir beispielsweise eine Flüssigkeitsschicht in einem flachen Gefäß und erwärmen sie von unten. Der Lehrmeinung nach

* Der Begriff »Entropie« stammt von dem deutschen Physiker R. J. E. Clausius (1822 – 1888). Die Entropie ist ein Maß für die Umwandlung der Energie in Arbeit; je größer die Entropie, desto weniger Energie läßt sich umsetzen. Wenn alle Energie verbraucht ist, hat die Entropie ihr Maximum, die Zeit existiert nicht mehr, vorausgesetzt, unsere naturwissenschaftlichen Befunde sind richtig und gelten für den ganzen Kosmos.

wird das Verhalten der Flüssigkeitsteilchen immer chaotischer, immer »unordentlicher« werden. Falsch! Es kann durchaus geschehen, daß sich eine »Zellenstruktur« von sogenannten Bénard-Zellen bildet, etwas, das grob gesehen wie ein Ausschnitt aus einer Bienenwabe aussieht – jedenfalls ein System außergewöhnlicher Ordnung darstellt. Auch die Bildung nacheinander folgender langer Wolkenfronten läßt sich »synergetisch« verstehen. Als Haken versuchte, ähnliche Phänomene systematisch zu erkunden, fand er sie sogleich zahlreich in der Biologie, der Chemie, der Technik, aber auch in der Wirtschaftslehre, sogar der Politik! Bei der Synergetik haben wir es mit einem bisher nicht erkannten Grundgesetz der Wissenschaft zu tun.

Wie es aussieht, spielen Wellenvorgänge eine grundlegende Rolle bei synergetischen Erscheinungen. Wellen sind es denn auch, die sich bei einer der schönsten – und überraschendsten – Erscheinungen der Synergetik zeigen, bei der »chemischen Uhr«, bei den »oszillierenden Reaktionen«.

Die chemische Uhr

Wenn ein Forscher etwas beobachtet, das nicht zu dem passen will, was er einst auf der Universität gelernt hat, und sich nicht dem hinzufügen läßt, was er seither selbst erarbeitet hat, so hält er seine Beobachtung zunächst einmal für einen Irrtum, einen Zufall oder bestenfalls für eine Laboratoriumskuriosität. Und genau das passierte, als in den späten fünfziger Jahren verschiedene Chemiker mehrfach eine Reaktion beobachteten, die es eigentlich nicht geben durfte.

Wieso nicht? Nun, chemische Reaktionen sind im Prinzip sehr einfach: Nehmen wir an, wir hätten in einem Reagenzglas die wäßrige farblose Lösung einer Verbindung wie Silbernitrat (ehemals »Höllenstein« genannt). Setzen wir nun etwas Wasser hinzu, das Salzsäure (HCl) enthält: Rasch bildet sich eine weiße Färbung, die sich zu kleinen Flocken verdichtet und als

Silberchlorid auf den Grund des Reagenzglases sinkt. Jedesmal, wenn wir wieder etwas Salzsäure zusetzen, wird sich weiteres Silberchlorid bilden, bis alles in der Lösung enthaltene Silbernitrat zu Silberchlorid geworden ist.

Kein Chemiker würde auf den Gedanken kommen, daß die Umsetzung nun vielleicht rückwärts laufen könnte. Alles Reaktionsgeschehen geht in eine bestimmte Richtung, so lernt es der Naturwissenschaftler. »Sonst müßte ja auch das ›Perpetuum mobile‹, der große Traum von der sich selbst immer in Betrieb haltenden Maschine, möglich sein«, droht jeder Lehrer. Das würde doch alle Naturgesetze auf den Kopf stellen, wenn etwa die weißen Flocken von Silberchlorid sich »von selbst« wieder auflösen würden, erneut entstünden, sich wieder lösten und so weiter bis in alle Ewigkeit!

Doch da entdeckte man nun Reaktionen, die eben genau nach diesem Wechselspiel abzulaufen schienen – wenn auch nicht ewig, so doch längere Zeit.

Eine »oszillierende Reaktion« – eine Kuriosität, nichts mehr?

Ganz gewiß, es handelte sich bei den oszillierenden Reaktionen, die auf die Minute, ja, die Sekunde, exakt vorwärts und rückwärts liefen – daher die Bezeichnung »chemische Uhren« –, doch stets um sehr komplizierte Substanzgemische. Die Rezepte für oszillierende Reaktionen schrieben meist vor, daß vier oder fünf Chemikalien in Lösung miteinander umzusetzen seien. Dann würden sich in der Lösung farbige Ringe und Kreise bilden, vorwärts und rückwärts sich ausbreiten, miteinander kollidieren und die erstaunlichsten Formen hervorbringen. Mancher versuchte sich in solchen Experimenten, und wenn sie nicht gleich gelingen wollten, so zweifelte er an der Wahrheit dessen, was er gelesen hatte – waren es nicht allzu phantasiebegabte russische Kollegen gewesen, die so was berichtet hatten?

Aber da waren auch Forscher, die nicht nur ihre Freude am farbigen Wechselspiel hatten, sondern die systematisch den Erscheinungen nachgingen, Vergleiche anstellten und erstaunt fanden: Da liegt ja eine ganze neue Welt vor uns, die wir nur noch nie so gesehen und also bisher nicht begriffen haben! Obwohl schon im Jahre 1905 ein deutscher Forscher zeitliche Periodizitäten beim Entstehen einer anorganischen Verbindung beobachtet und andere Gelehrte bei der Zersetzung von Ameisensäure und Wasserstoffperoxid ähnliches vermerkt hatten.

Und nun steuerten auch die Biologen eine Kuriosität bei, die sie nie recht hatten verstehen können: Strukturbildungen beim Wachstum eines Schleimpilzes: Zellhaufen, die sich bei Nahrungsmangel schneckenartig fortbewegen, sammeln sich zuvor in Wellen um ein »Schrittmacher-Zentrum«. Wohin man schaute, die Erkenntnis: Hier gibt es ja überall ein Grundphänomen, hier ist etwas geheimnisvolles Neues, das es zu erforschen gilt.

Wir stehen an einem Anfang. Die Frage, wie die Natur es fertigbringt, geometrische Formen zu entwickeln und die Zeit zu steuern, aus beidem ein System zu formen und es aufrechtzuerhalten, ist rätselhaft. Wir ahnen, daß wir es hier mit etwas zu tun haben, das für unser Verstehen der Welt und ihrer Gesetze grundlegend sein kann.

Vergangenheit, Gegenwart . . .

Ob der Zeit so etwas wie eine Wellenbewegung innewohnt, wir vermögen es nicht zu sagen, zu sehr sind wir selbst mit unserem Hiersein in den Strom der Zeit eingeschlossen. Ohne daß wir etwas daran zu ändern vermöchten, treiben wir durch die Zeit dahin, die uns zugemessen ist. Woher wir in die Zeit gekommen sind, versuchen wir eifrig zu klären, indem wir Geschichte, Vorgeschichte und Geochronologie studieren und Ursprung und Entwicklung des Weltalls zu ergründen versuchen. Einige Daten, einige Ereignisse lassen sich hier oder dort wenigstens einigermaßen sicher festlegen. So viel zur Vergangenheit; aber wie steht es mit der Gegenwart? Sie erleben wir doch dauernd, so möchte man meinen. Wird nicht in jedem

Augenblick aus Zukunft Vergangenheit? Ist nicht unsere Existenz jene haarfeine Linie, die zwischen Vergangenheit und Zukunft liegt? Sehe ich nicht stets die Gegenwart?

Irrtum! Wenn ich zum nächtlichen Himmel aufsehe, so sehe ich dort eine Sternkonstellation, die Milliarden Jahre alt ist, sehe ich Sterne an Plätzen, wo sie vor »Urzeiten« gestanden haben. Inzwischen sind sie weitergewandert oder gar vergangen, verschwunden, nicht mehr existent. Ihr Licht hat ungezählte Jahre benötigt, um zur Erde zu gelangen. Ich darf bestenfalls sagen: »Soeben, in dieser Gegenwart, sehe ich Licht aus der Vergangenheit eines entfernten Kosmos hier eintreffen.«

Und auch unsere irdische Gegenwart erlebe ich ja gewissermaßen nur punktförmig: Was in diesem Augenblick in New York, Moskau oder Tokio geschieht, erfahre ich erst nach Stunden, wenn es bereits Geschichte, also Vergangenheit ist! Manches von dem, was sich jetzt ereignet, aber nicht hier, wo ich bin, bleibt mir unbekannt. Andere Leute aber erleben es und registrieren es als »Gegenwart«. So muß ich also lernen, daß das, was ich gerne »Gegenwart« nenne, oft gar nicht meine bewußte Gegenwart ist. Unsere Gegenwartszeit ist nur ein räumlich und persönlich begrenztes Erleben von Ereignissen.

Was erlebt eine Ameise jetzt gemeinsam mit mir?

. . . und Zukunft

Kommen wir zur Zukunft, was ist uns die Zukunft wert? Alles! Beobachten wir nur einmal, wie viele unserer Zeitgenossen davon leben, uns Zukunft zu verkaufen, Zukunft nach Maß und Wunsch. Das sind nicht etwa nur Wahrsager und Traumdeuter, sondern vor allem:

Politiker, die uns eine Zukunft des Wohlstandes versprechen, des Friedens und der gehobenen »Lebensqualität«, wozu sie allerdings den mittelalterlichen Steuersatz von 10 Prozent (»den Zehnten«) auf das Fünffache erhöhen müssen, um auch selbst eine goldene Zukunft zu erwerben.

Kirchen und ihre Priester, die uns noch für die Zeit nach unserem Tode eine paradiesische Zukunft versprechen und verkaufen, gegen Geld- und Sachspenden.

Ärzte, die unser Leben verlängern, unsere Zukunft also erweitern wollen – gegen entsprechende Gebühren, versteht sich.

Banken, die unser Geld sammeln, damit wir in der Zukunft es gut haben sollen. Wegen der Inflationen und Kriege schafft das allerdings kaum einmal eine Generation.

Lotterien, die uns Gewinne für eine glückliche Zukunft vorgaukeln.

Versicherungen, die uns – gegen hohe Prämien – als Pensionskassen, Angestelltenversicherungen und dergleichen zukünftigen Wohlstand versprechen.

Und so geht das weiter, unabsehbar. Das Geschäft mit der Zukunft ist grandios. Wie es ausschaut, sind wir bereit, »für die Zukunft« alles und jedes zu investieren. Nur die Zukunft zählt – und wenn wir dafür in den Krieg ziehen müssen.

Woher nehmen wir nur dieses Vertrauen in die Zukunft? Tragen wir es in uns, weil die Vergangenheit wertlos scheint und die Gegenwart unerträglich?

Zukunftsromane und Science-fiction-Stories, als Zukunftsmärchen an die Stelle der alten Erzählungen vorangegangener Generationen getreten, kommen unserer Überschätzung der Zukunft entgegen. Lange auch gibt es schon Zukunftsvisionen, man denke nur an die vielerlei Propheten oder »Seher«, wie etwa Nostradamus (1502 – 1566), von dem jährlich neue Übersetzungen und Interpretationen erscheinen. Doch in unserer Zeit hat es hier eine bemerkenswerte Entwicklung gegeben. Was Jules Verne schrieb, das waren noch Zukunftsträume, kaum mehr. Die wirkliche Zukunftsliteratur begann (vielleicht) mit Hans Dominik. Er spekulierte vor der Entdekkung der Atomspaltung durch Otto Hahn und Lise Meitner bereits in seinem Roman »Atomgewicht 500« über Resultate und Aspekte der Kernenergie. Wenn heute vortreffliche Wissenschaftler, wie etwa der russisch-amerikanische Biochemiker

Isaac Asimov (geboren 1920), für ein breites Publikum »Science-fiction-Literatur« verfassen und dabei auf dem Stand der Mathematik (Computer), Astronomie (Raumfahrt), Physik (Energie, Automation, Nachrichtentechnik), Chemie (Heilmittel, Psychodrogen) und Biologie (Zellzüchtung) aufbauen, so tragen sie sogar zur Allgemeinbildung bei.

Das ist eine durchaus neue Situation. Was diese wissenschaftlich qualifizierten Autoren schreiben, beruht nämlich auf einem soliden Wissen und wird nur durch die Überführung ins Extreme verfremdet. Was in der »guten« Science-fiction-Literatur zu lesen ist, beispielsweise über biologische Mutanten, über die Atmosphäre und Landschaften fremder Sterne, über neue Werkstoffe und ihre Möglichkeiten der Verwendung, über neue Energiequellen, alles das und manches Ähnliche ist – zumindest mit Phantasie – vom heutigen Wissensstand abzuleiten. Denken wir nur einmal an die »Weltraumanzüge« der »Raumfahrer«: Sie waren exakt so, wie sie wirklich sind, Bestandteil der Science-fiction-Literatur, bevor auch nur der erste Sputnik die Erde umkreiste. Ja, die ganze moderne Raketentechnik war Jahrzehnte, bevor sie zur Realität wurde, in ihren Grundzügen in dieser Literaturgattung nachzulesen.

Dann die »Strahlenwaffen«. Vor 30 Jahren hielt sie kein Physiker auch nur für denkbar. Jeder von ihnen, der auf sich hielt, war gerne bereit vorzurechnen, wie unmöglich so eine Idee sei. Nicht einmal ein General hätte einem »Strahlenwaffen-Erfinder« eine Minute zugehört. Und heute? Die Laserforschung ist Großprojekt in allen industrialisierten Ländern. Hier werden Laserstrahlen in der Chemie verwendet, dort in der Werkzeugtechnik, anderswo zur Nachrichtenübermittlung, und die Generäle sind glücklich, wenn ein neuer Typ von Hochleistungslaser vielleicht für neue Kriegszwecke geeignet erscheint – etwa im Weltraum?! – und nicht »nur«, um Bomben ins Ziel zu steuern. Vielleicht öffnet uns der Laser einst sogar den Weg zur Energiegewinnung durch Kernfusion. Nein, die Zukunftsphantasien der auch nur halbwegs seriösen Science-fiction-Literatur sind längst zu Kristallisationskeimen neuer Forschungsprojekte geworden.

Auf die Zukunft wetten

Können wir die Zukunft vorhersagen?

Wer überlegt, wie oft und in welchem erstaunlichen Maße die Phantasien der Science-fiction-Literatur zu Gegenwart und letztlich sogar Vergangenheit geworden sind, der möchte das fast glauben. Die Geschichte der Flugtechnik beispielsweise scheint eine fortlaufende Bestätigung unseres seit der Zeit der Griechen ständig erweiterten Traumes vom Fliegen zu sein. Aber wie ist es in unserem Alltag? Da erleben wir doch ständig Dinge, die wir nicht erwartet haben, die wir nicht voraussahen. Regiert der Zufall?

Nehmen wir einen typischen städtischen Verkehrsunfall. Zwei gute, erfahrene Fahrer sind beteiligt. Ein hinterer Kotflügel wird gerammt. Wer kann die Ursachen erahnen? Der eine Fahrer hat vorher eine halbe Stunde im Stau auf der Autobahn gestanden und ist ein wenig ermüdet, es ist heiß, und deshalb sind seine Reifen prall gefüllt, bremsen anders als sonst, und 100 Meter vor dem Unfallort hat er unbemerkt auch noch eine Ölspur überfahren. Der andere Fahrer ist eher vorsichtig, hat ständig den Verkehr genau beobachtet, hat sein Tempo verringert, hat allen Vorschriften gehorcht. Wäre er eine Kleinigkeit, eine Winzigkeit rascher gefahren, und nichts wäre passiert. Verschulden? Niemand trifft ein Verschulden, es war halt ein Zufall. – Ein Zufall? Keineswegs! Alles war glasklar vorhersehbar, doch wer hätte die vielen Faktoren erkennen können?

Ein anderes Beispiel: Dachdecker arbeiten an einem Haus und haben den Fußweg abgesperrt. Ein Fußgänger geht am Haus entlang, ihn trifft ein herabfallender Ziegel. Im Krankenhaus redet er dann von einem Zufall. Warum? Weil er die Kette der Ereignisse nicht überschaut, die zu dem Fall des Ziegels führten und in der sein Handeln in der Tat nur ein winziges Bruchstück ist.

Es gibt keinen Zufall. Wer häufig und gerne von Zufällen redet, dokumentiert damit nur, daß sein Einsichtsvermögen kleiner als das seiner Zeitgenossen ist, daß er schlicht gesagt dümmer ist.

Zufall? Eddington hat seinen Studenten die Situation an folgendem Beispiel deutlich gemacht: »Wenn ich meine Finger wahllos über die Tasten einer Schreibmaschine gleiten lasse, mag es geschehen, daß mein Geschreibsel zufällig einen vernünftigen Satz ergibt. Wenn nun eine Herde Affen auf Schreibmaschinen herumhämmert, so ist es möglich, daß sie auf diese Weise sämtliche Bücher des Britischen Museums noch einmal schreibt . . . Sobald es sich um ganz große Zahlen handelt, ist Wahrscheinlichkeit der beste Bürge für Gewißheit.«

Das individuelle Schicksal einer Zahlenkugel beim Zahlenlotto können wir ebensowenig vorhersehen wie den Lebensablauf eines einzelnen Menschen. Doch das Resultat der Lottokugeln insgesamt und die Lebensdauer einer großen Menschengruppe können wir mit Gewißheit vorhersehen, sobald wir nur die großen Linien kennen. Die Gewinnchancen im Toto, ebenso wie die zu zahlenden Lebensversicherungsbeiträge, lassen sich deshalb durchaus sehr exakt festlegen.

Was die Zukunft bringt? Eine recht nützliche Regel im Umgang mit Zukunftsaspekten verdanken wir dem Nobelpreisträger für Physik des Jahren 1938, dem Italiener Enrico Fermi (1901 – 1954). Er hatte die begehrte Auszeichung unter anderem für die Entdeckung erhalten, daß gebremste, »moderierte« Neutronen eher eine Atomkernreaktion auslösen als soeben freigesetzte »schnelle« Neutronen. Zum Empfang des Nobelpreises war er mit seiner Familie nach Stockholm gefahren und von dort weiter in die USA – sicherheitshalber, denn seine Frau war Jüdin. In die Geschichte ging Fermi ein, weil es ihm am 2. Dezember 1942 gelang, den ersten Kernreaktor erfolgreich in Betrieb zu nehmen, übrigens mitten in Chicago (!) in der Halle eines Sportstadions. Dann kam die Zeit, da er mit seinen

Freunden wöchentlich wettete, ob die Invasion in Europa stattfinden werde, wobei er stets auf »Nein!« setzte und die Wette gewann – bis ihn seine Frau einmal fragte, woher er stets diese Sicherheit nehme? Darauf Fermi: Nach dem Gesetz von der Trägheit der Masse ist die Änderung eines bestehenden Zustandes nur möglich, wenn Energie wirksam wird, woher soll die kommen? Und dann, die Negativ-Wette kann ich doch nur einmal verlieren, gewinnen aber oft, und deshalb eben: Nächste Woche keine Invasion in Europa! So einfach geht es also auch – und so praktisch kann die Physik sein.

Ein Historiker kann das ebenso gute physikalische Gesetz aufbieten, demzufolge ein Pendel nicht im jeweiligen Zustand verharren kann, sondern von einem ins andere Extrem umschlagen muß, vom Frieden zum Krieg, von der Demokratie zur Diktatur, von West nach Ost – und umgekehrt. So kann uns die Physik recht anschaulich Zukunftsprognosen bieten – Irrtum vorbehalten.

Keine Frage, die Physiker haben sich mancherlei Gedanken um das Phänomen Zeit gemacht. Aber haben wir darum die Zeit »verstanden«? Kaum. Sehen wir aber einmal von den Begriffen der Physik ab, denken wir einmal ganz einfach an unsere Zeit, an die Zeit, die wir hier auf der Erde bewußt verleben. Sie ist begrenzt. Wieviel Zeit haben wir denn noch?

Unsere Körperkraft, Geist und Einfallsreichtum vergehen, ohne daß wir sie frei nutzen könnten. Wo ehedem bei der Geburt der Gutsherr den Anspruch der Leibeigenschaft erhob, einen Anspruch auf lebenslängliche Nutzung der künftigen Arbeitskraft in Krieg und Frieden, steht heute der Politiker des Staates und spricht von Staatsangehörigkeit und verlangt dasselbe. Die Terminologie hat sich geändert, sonst nichts.

»Unsere Zeit« ist kaum viel besser als jene uns gerne als vorbildlich gerühmten demokratischen Geschichtsperioden der Griechen oder Römer, in denen ein Sklavenleben als »normal« galt. Wo im Neuen Testament »Knecht« steht, ist übrigens auch »Sklave« zu lesen, überall wurde und wird Zeit, Lebenszeit, ausgebeutet.

5. Kapitel: Fragen nach dem Ursprung des Lebens

Wir meinen, in einem Zeitalter der Technik zu leben. Kein Zweifel, die verbesserte Energieerzeugung, vom Holz und Torf über Kohle bis hin zum Erdöl und Erdgas, eröffnete grundsätzlich neue Möglichkeiten. Erinnern wir uns nur einmal an die Bewegung von Lasten. Noch vor 50 Jahren waren für Erdbewegungen nur Schaufeln, Schubkarren und bestenfalls Loren verfügbar, die menschliche Muskelkraft war der entscheidende Faktor. Heute können wir mit Baggern und Lastwagen wortwörtlich »Berge versetzen«.

Die Technik hat aber ebenso in der Wissenschaft Einzug gehalten. Forschungsaufgaben, die ehedem ein ganzes Institut Jahre oder Jahrzehnte beschäftigten, können heute binnen einer Woche bewältigt werden. Wo einst der menschliche Geist, experimentelles Geschick und ein immenser Fleiß einzusetzen waren, erledigt heute ein »idiotensicheres« Meßgerät die gleiche Aufgabe per Knopfdruck.

Was die Forscher so produzieren, vermehrt zweifellos unser Wissen, zumindest wird es Jahr um Jahr in Zehntausenden naturwissenschaftlicher Zeitschriften in Hunderttausenden von gelehrten Aufsätzen gedruckt. Aber werden so auch neue Erkenntnisse gewonnen, neue Einsichten? Die neuen Fakten sind so zahlreich, daß man sie nur noch mit elektronischen Datenverarbeitungsanlagen registrieren kann und Computer benötigt, um sie bei einer Nachfrage wieder hervorzuholen. Da liegt dann der Schluß auf der Hand: Ihre Qualität ist im Durchschnitt so gering, ihre Aussage so speziell, daß es sich nicht lohnt, sie im Gedächtnis zu behalten, sie zu lernen. Es ist bereits Mode geworden, eher einen Computer zu befragen als im eigenen Gedächtnis zu kramen. Davon abgesehen sind die technischen Meßmöglichkeiten so perfektioniert, daß eine eigene neue Messung oft billiger als eine »Literatursuche« ist.

Wo aber Fakten nicht im Geist verfügbar sind, lassen sich aus ihnen auch keine Schlüsse ziehen, keine Erkenntnisse entwickeln. Was man nicht gelernt hat, kann man auch nicht im

Zusammenhang »begreifen«. Denken ist ohnehin schwieriger als Messen, Begreifen mühsamer als oberflächliches Lernen und gar der Versuch, etwas zu verstehen, ist geistig aufwendiger als einfaches Zustimmen. Wer will, mag hier die Parallele zur Politik sehen.

Und doch, die phantastischen neuen Meßmöglichkeiten haben etwas Neues bewirkt: Der durch sie ausgelöste Konkurrenzkampf der Forscher führte nicht nur zu immer neuen Meßwerten, sondern auch zu immer genaueren Messungen, zu ständig verfeinerten Resultaten. Damit sind uns heute Meßgenauigkeiten möglich, von denen Wissenschaftler früher bestenfalls träumen durften! Da gibt es die hübsche Anekdote vom Chemieprofessor, der einen Examenskandidaten fragt: »Und nun sagen Sie mir bitte, was diese Probe enthält?« Worauf der Kandidat anfängt, alle chemischen Elemente des Periodensystems aufzuzählen: »Wasserstoff, Helium, Lithium, Beryllium, Bor . . .« – »Halt!« ruft der Prüfer entsetzt. Der Kandidat darauf: »Aber Professor X hat in seiner Vorlesung gesagt, daß man heute alle chemischen Elemente in jedem Stoff nachweisen kann.« Recht hat er, der Examenskandidat; wenn die verfügbare Probemenge nur groß genug ist, kann man in ihr jedes Element oder doch fast jedes Element finden. Wie weit das geht, soll ein Vergleich zeigen: Stellen wir uns eine Briefmarke vor. Von ihr schneiden wir eine Zacke ab. Nun zupfen wir mit einer Pinzette ein Fünfundzwanzigstel aus dieser Zacke heraus, legen es auf eine Waagschale einer Mikrowaage und auf die andere Waagschale das gleiche Gewicht einer Chemikalie, nehmen die Chemikalie herunter, zerreiben sie, schütten in eine Badewanne 1000 Kilotüten feines Mehl, geben unsere zerriebene Chemikalie im Gewicht einer fünfundzwanzigstel Briefmarkenzacke hinzu und mischen alles einige Tage lang – und erhalten so ein Gewichtsverhältnis, in dem der Chemiker tatsächlich noch viele Chemikalien nachweisen kann.

Was wir uns da in einem Gedankenexperiment deutlich gemacht haben, ist der Nachweis von 1/1 000 000 Gramm pro

Tonne, was der Chemiker gerne mit 1 ppt bezeichnet, d. h. ein Teil nachzuweisende Substanz auf eine Billion andere Teile. Ein ppt wäre auch die »Verunreinigung« eines 20 km langen Güterszuges voll Weizen (100 000 Tonnen) durch ein einziges Roggenkorn. Da ist es kein Wunder, wenn ein Examenskandidat meint, alle chemischen Elemente aufzählen zu dürfen!

Die analysierenden Chemiker sind bereits auf dem Wege, Stoffmengen von 1/1 000 000 000 000 000 Gramm nachweisbar zu machen, sie kämpfen sich an das Femto-Gramm heran, wie sie es nennen.

Oder nehmen wir einmal an, da kommt ein Student zu einem Professor und berichtet, er habe eine Bodenprobe untersucht, sehr sorgsam, und, wie entsetzlich, sie enthalte

16 000 000 ppt Blei,
500 000 ppt Quecksilber und
150 000 ppt Cadmium.

Das seien doch, wie in jeder Zeitung zu lesen wäre, »hochtoxische« Elemente. Ob die Probe nicht auf eine Sondermülldeponie müsse?

Wenn wir ihn genauer fragen, wird er angeben, auch noch

4 000 000 ppt Uran (!)

gefunden zu haben. In diesem Fall dürfen wir ihm gratulieren und voraussagen, daß seine Bodenprobe auch

1 000 000 ppt Silber und sogar
5 000 ppt Gold

enthalten wird – denn was der Student analysiert hat, ist offenbar exakt die von der Mutter Natur uns bereitgestellte durchschnittliche Erdkruste. Normal, völlig normal! Unsere Erde braucht auf keine Sondermülldeponie. Wo immer von »Umweltverseuchung« die Rede ist, die von der Natur vorgegebenen Grundwerte sollte man erst einmal abziehen. Was noch bleibt, ist dann mit den Analysenwerten zu vergleichen, die man dort findet, wo entsprechende Mineralien auf dem Erdboden vorkommen, etwa in entsprechenden Bergwerksgegenden, die seit vielen Generationen ohne Schaden vom Menschen besiedelt sind.

Andererseits aber darf nicht vergessen werden, daß unsere natürliche Umwelt uns keineswegs wohlgesonnen ist, daß von der Natur uns vorgegebene Lebensräume für unsere Existenz nicht optimal sind. Wir leben nicht in einer gottgewollt »guten« Natur. Die biblischen Erzählungen und manche Naturapostel gaukeln uns gerne vor, wir müßten nur natürlich-urtümlich leben, um optimal zu leben, welch ein Irrtum: Je »natürlicher« wir leben, desto rascher verschleißen wir uns im Kampf mit brutalen Naturgewalten, desto kümmerlicher nähern wir uns einem frühen Ende.

Genie und Fleiß entscheiden

In der historischen Rückschau mutet es abenteuerlich an, mit welch groben wissenschaftlichen Hilfsmitteln jene Entdeckungen gemacht worden sind, die heute zum Kern unseres modernen Weltbildes gehören:

Nikolaus Kopernikus (1473–1543) erkannte den Bau unseres Planetensystems – ohne je einen Blick durch ein Fernrohr getan zu haben; dieses Instrument wurde erst 1609 in Holland bekannt. Genaugenommen war Kopernikus »amtlich« ja sogar ein Kirchenmann und gar kein Naturwissenschaftler!

Edouard Lartet (1801–1871), Rechtswissenschaftler aus Frankreich, fand um 1860 in einer Höhle einen Mammutzahn, in den das Bild eines Mammuts eingeritzt war. Also, schloß er, sich auf dieses Faktum stützend, haben Mammuts und bereits künstlerisch begabte Menschen gleichzeitig gelebt, und also ist die bisherige auf der Bibel beruhende Zeitrechnung Unsinn.

Friedrich Wöhler (1800–1882) stellt 1828 im Labor synthetisch Harnstoff her (eine Verbindung, die fast noch der anorganischen Chemie zugerechnet werden darf). Harnstoff war damals nur als Produkt des tierischen Stoffwechsels bekannt. Es stürzte damit der alte Glaube, zur Erzeugung der Stoffe der Lebewesen bedürfe es einer ganz besonderen »Lebenskraft«.

Charles R. Darwin (1809–1882) studiert auf weiten, langen Reisen, was immer ihm in der Natur auffällt, und entwickelt

Raymundus Lullus, Alchimist. Denkmal auf Mallorca (FLB)

Van Ostade, Der Alchimist. Gemälde in der National Gallery, London (BPK)

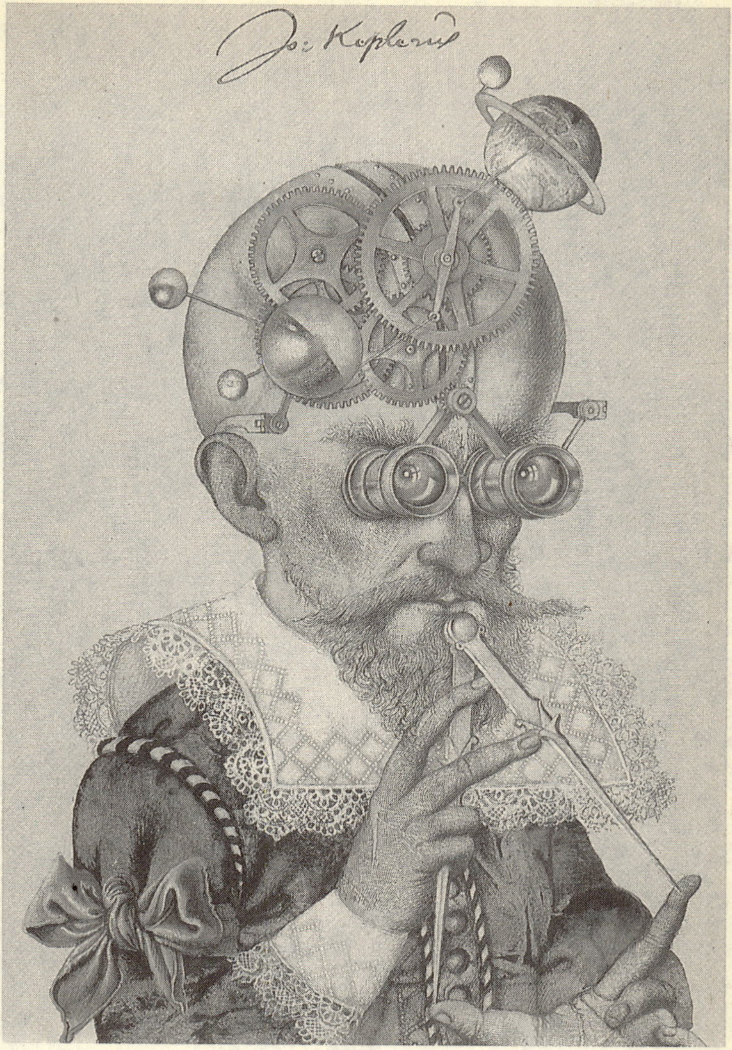

Johannes Kepler, Zeichnung von Michael Matthias Prechtel (MMP)

Inneres eines vulkanischen Kegels, Ätna/Sizilien (FLB)

Oben: Charles·Darwin. Zeichnung von Michael Matthias Prechtl (MMP)

Unten: Farbige Algen in den fast noch kochend heißen Dampfquellen bei Pamukkale/Türkei (FLB)

Sonnenuhr des Klosters auf Santorin

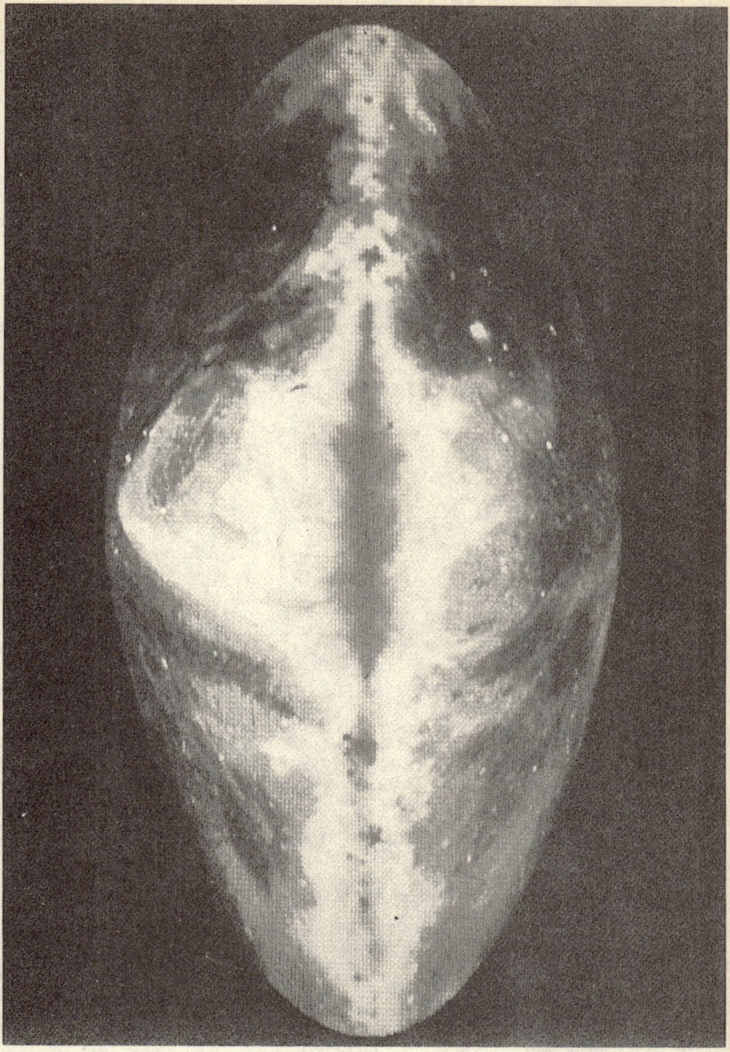

Radiokarte des Himmels (Max-Planck-Institut für Radioastronomie) (MPG)

Oben: Chinesische Aufzeichnungen von Himmelsbeobachtungen aus dem 17. Jahrhundert (FLB)

Unten: Komet auf dem 70 m langen Teppich von Bayeux, der die Eroberung Englands durch die Normannen im Jahre 1066 schildert (FLB)

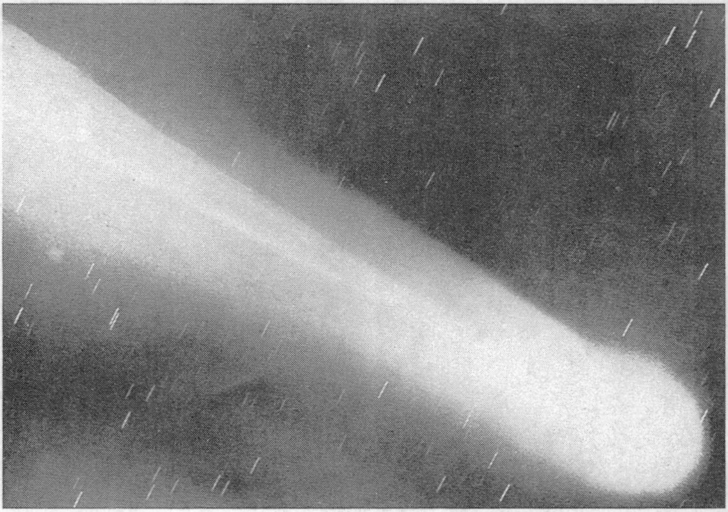

Oben: Der Komet Bennett, der 1969/70 beobachtet wurde. Die Kometenmasse ist im wesentlichen im strahlenden Kometenkopf enthalten (FLB)

Unten: Meteorit von Sichote Alin/UdSSR. Seine chemische Zusammensetzung: etwa 9 Teile Eisen, 1 Teil Nickel (FLB)

Oben: Philippus Aureolus Theophrastus Paracelsus (FLB)
Unten: Galileo Galilei (FLB)

Oben: Julius Lothar Meyer (FLB)
Unten: Stanley L. Miller (FLB)

Robert Wilhelm Bunsen. Sein Standbild in Heidelberg (FLB)

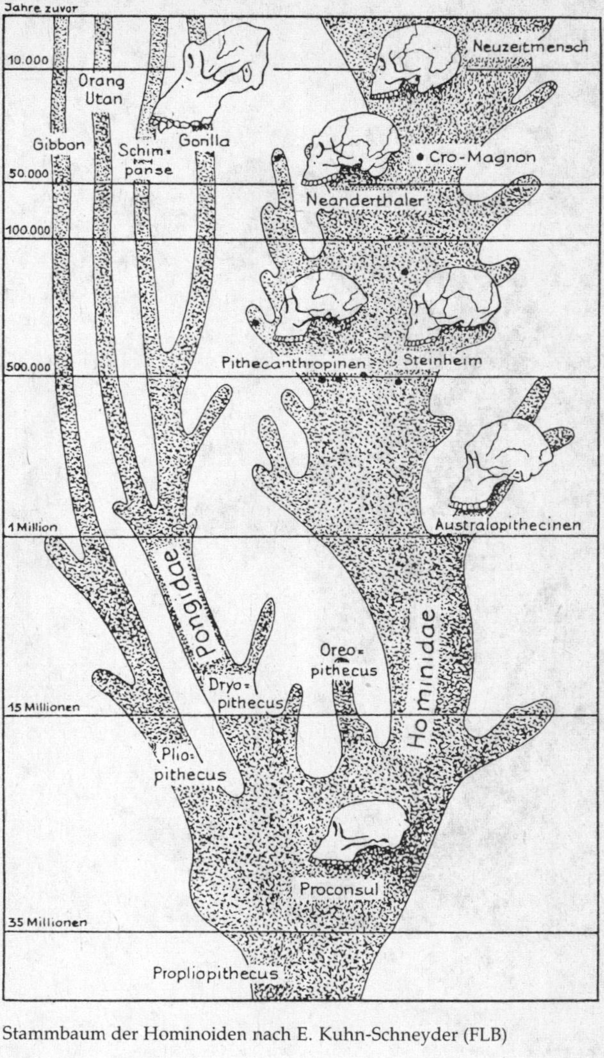

Stammbaum der Hominoiden nach E. Kuhn-Schneyder (FLB)

Erdkarte in 50 Millionen Jahren, wenn die Drift der Kontinente sich fortsetzt. Nord-, Südamerika und Afrika sind zu Inseln geworden (FLB)

aus dem ungezielt zusammengetragenen Allerlei um 1844 seine bis heute geltende »Evolutionstheorie« der Abstammung der Arten (und des Menschen) ohne weitere experimentelle Untersuchungen.

Gregor Johann Mendel (1822–1884) war Priester, experimentierte mit Erbsenpflanzen und leitete dabei 1865 die noch heute nur je nach Zeitgeist begriffenen, nach ihm benannten Vererbungsgesetze ab. Sein Klostergärtlein ist, wie bereits erwähnt, so klein gewesen, daß er die Gesetze statistisch gar nicht gesichert haben kann!

Otto Hahn (1879–1968) unternimmt es 1938, bereits von Enrico Fermi ausgeführte Experimente mit einfachen Mitteln nachzuarbeiten, zweifelt an seinen eigenen Resultaten und entdeckt die Atomkernspaltung des Urans.

St. L. Miller (geboren 1930) ist fast noch Student, 24 Jahre jung, als er in einer einfachen Apparatur jene Chemikalien umsetzt, von denen man damals glaubt, sie hätten einst die Uratmosphäre der Erde ausgemacht, Spuren von Aminosäuren erhält und damit die Glaubenslehre stürzt, Lebens-Vorchemikalien hätten sich zum Startschuß des Lebensbeginns nicht in großen Mengen auf der Erde bilden können. Er wird damit zum wissenschaftlichen Nachfahren von Wöhler.

Keiner von diesen Leuten konnte die Folgen seiner Untersuchungen voraussehen, ob sie nun Laien, Fachfremde oder Spezialisten waren. Keiner von ihnen hat je einer Behörde oder einem Amt einen Antrag auf Genehmigung oder Förderung seiner Arbeiten vorlegen müssen. Keiner von ihnen hat seine zu erwartenden Resultate und ihre Bedeutung für beamtete Laiengehirne vorher verständlich machen müssen.

Was sie vereint: Sie waren Männer des Einfalls, der Phantasie, der Erleuchtung, wirklich in Neuland vordringende Forscher und nicht fußlahme Datensammler, die wissen, wohin sie ihr Weg führt! Wer das Ergebnis seiner Untersuchungen schon im voraus kennt, ist kein Forscher. Ein sichtbarer »technischer Fortschritt« ist für (fast) jedermann erkennbar. Was aber eine geistig-naturwissenschaftliche Leistung ist, das kann vielleicht erst der Kollege der nächsten Generation ermessen. Die Folgen eines grundlegend neuen Resultates für Alltag, Krieg und Frieden überschaut im vorhinein niemand. Wer kann von einem Neugeborenen sagen, ob es Kardinal oder Kriegsverbrecher wird?

Was ein Laie begriffen und gutgeheißen hat und staatlich-amtlich fördert, kann kaum echte Forschung darstellen. Forschung und Wissenschaft sind Kunst. Es ist sinnlos zu fordern: »Nun entdeckt mal was Großartiges!« – wie man nicht fordern kann, jemand möge nun eine Mona Lisa malen. Wo keine Begabung ist, ist ohnehin nichts zu erwarten, und Begabungen sind selten; vielleicht ein Dutzend im Jahrhundert? Es geht bei der Forschung nicht um Zahnpasten oder Kanonen, sondern darum, die alte Frage der Menschheit zu beantworten: Woher kommen wir, was sind wir, und wohin gehen wir?

Jede Zeit hat auf diese Grundfragen andere Antworten gegeben, je nach Wissen und Wunschbild.

Vom »Seher« zum »Gutachter«

Am Beginn standen Furcht und Staunen. Alles Neue war groß, war riesig. Nichts war zu begreifen, Gewitter, Sturm, Kälte, Hitze, Licht und Dunkel. Ein höheres Wesen mußte die Ursache sein, ein ganzer Götterhimmel wurde schließlich den großen Naturgewalten zugeordnet; die kritischen Tage der Sommer- oder Wintersonnenwende wurden religiös gefeiert. Zunehmende Einsichten ließen immer mehr Götter überflüssig werden – bis zum Monotheismus. Das naturwissenschaftliche Wissen wurde daraufhin für viele fast unabwendbar zur Ersatzreligion. Priester, Seher und Verkünder, denken wir etwa an die Priester der orientalisch-etruskischen Leberschau, die Haruspices, wichen den »Gelehrten«. Im Alten Testament heißt es etwa über den »König zu Babel« noch: ». . . daß er sich wahrsagen lasse, mit den Pfeilen das Los werfe, seinen Abgott frage, und schaue die Leber an.« (Hesekiel 21, 26)

Zur Zeit Johannes Keplers (1571–1630), dieses großartigen Mathematikers und Astronomen, war es kaum viel besser. Er mußte »hochgestellten Personen«, so Wallenstein, noch mit Wahrsagerei, mit Horoskopen dienen, um leben zu können: »Mutter Astronomie müßte gewißlich Hunger leiden, wenn die Tochter Astrologie nicht das Brot erwürbe«, so schrieb er dazu. Immerhin ist hier eine Situation erreicht, da die Zeitgenossen zwar noch in religiös-abergläubischem Zustand verharren, mit der Kepler sich abfinden muß, während die Naturwissenschaften doch schon ein solides Fundament aufweisen. Eine geistige Pattsituation.

In unseren Tagen ist es um den religiös-fanatisch-nationalistischen Glauben der Zeitgenossen zwar immer noch nicht viel besser bestellt als etwa zur Zeit Keplers im Dreißigjährigen Krieg, doch hat bei den »Hochgestellten«, seien sie Könige, Präsidenten oder Diktatoren, nun (fast) nur noch der Gelehrte das Wort. Daß aber die Folgen ihrer Hinweise oft noch katastrophaler und irriger sein können als ehedem, belegt überdeutlich der fatale Brief Albert Einsteins (1879–1955) vom 2. August 1939 an den damaligen Präsidenten der USA, F. D. Roosevelt, in dem er zum Bau von Atombomben aufforderte: »Das neue Phänomen würde auch zur Konstruktion von Bomben führen, und es ist denkbar, wenn auch weniger gewiß, daß außerordentlich energiereiche Bomben eines neuen Typs so konstruiert werden können. Eine einzige Bombe dieser Art, von einem Schiff getragen und in einem Hafen zur Explosion gebracht, mag den ganzen Hafen zusammen mit einem Teil des ihn umgebenden Geländes zerstören können.«

Der Untergang von Hiroshima und Nagasaki war das erste Resultat dieser »Beratung« eines Staatslenkers. Seither leiden Ost und West und jeder einzelne von uns unter den Folgen.

Vielleicht war jener Soldat Roms ein Wohltäter seiner Zeitgenossen, als er den großen Denker, Physiker und Waffenkonstrukteur von Syrakus, Archimedes, nach der Eroberung der Stadt (um 212 v. Chr.) kurzerhand erschlug. Das geschah entgegen dem Befehl Roms, das gefordert hatte, den Gelehrten lebend gefangenzusetzen – seine Neukonstruktionen von Waffen mußten ja auch für die Aufrüstung des siegreichen Rom äußerst wertvoll sein.

Erinnert diese Geschichte nicht an das Jahr 1945, als Ost und West versuchten, der deutschen Raketenspezialisten habhaft zu werden? Die USA haben ihren Anteil an dieser Beute von Bremerhaven aus per Schiff regelrecht gekidnappt, wie etwa General Dr.-Ing. Walter Dornberger, der ehemalige Chef der Versuchsanstalt Peenemünde, dem Verfasser einst recht anschaulich in Buffalo beschrieben hat. Den deutschen Forschern vom »Uran-Verein« ging es nicht viel anders. Vielleicht haben bereits ehedem bei wilden Stämmen erfolgreiche Priester, Traumdeuter oder Wahrsager zur üblichen Beute des Siegers gehört, die Naturwissenschaftler unserer Tage sind es jedenfalls.

Es mag sein, daß unsere Epoche des Glaubens an »die Wahrheit der Naturwissenschaften« einst vergeht, daß die Entwicklung zurückpendelt in eine Periode des religiösen Glaubens oder Mystizismus. Die Lehre des deutschen Physikers Gustav Theodor Fechner (1801–1887), der selbst Gestirnen eine Seele zumaß, mag ein erster Vorläufer dahin sein. Heute gilt es indessen noch als vorteilhaft, Glauben gegen Fakten zu tauschen, zweifelhaftes Wissen zu mehren und seligmachenden Glauben zu verlieren, technischen Fortschritt zu loben und Persönlichkeit aufzugeben.

Geologische Lebensspuren

Tatsache bleibt: Die naturwissenschaftliche Forschung gibt uns heute Antworten auf Fragen, für die es ehedem bestenfalls ein religiöses Glaubensbekenntnis, aber keine Spur von Wissen gab. Etwa:

Woher kam das Leben, und
wo steht der Mensch in der Entwicklung?

Noch vor wenigen Jahrzehnten meinte man, Lebensspuren,

die älter als 600 Millionen Jahre seien, wären auf der Erde wohl kaum zu finden. Versteinerte Organismen oder Abdrücke von Lebewesen aus dem sogenannten Kambrium waren die ältesten Belege für tierische und pflanzliche Existenz. Dann wurden Spuren von Algen, Würmern und anderen Kleinlebewesen gefunden, die noch etwa 100 oder 200 Millionen Jahre älter waren. Hatte das Leben vor 700 oder 800 Millionen Jahren begonnen? Weit gefehlt. Das Leben auf der Erde ist viel älter!

Versuchen wir vorerst einmal, die Seite 134 aufgeführte »klassische« Tabelle zu verstehen.

Da ist der Mensch, also wir. Unsere Urahnen gehen bis etwa 3 Millionen Jahre zurück. Verglichen mit dem Erdalter von rund 4700 Millionen Jahren* ist das so gut wie nichts, es lohnt sich nicht, davon zu sprechen. Höhere Säugetiere, zu denen wir zählen, gibt es schon seit 67 Millionen Jahren! Damals starben die Saurier (eierlegend!), in allen ihren skurrilen Formen, im Meer und auf dem Lande lebend, gerade aus. Warum, ist umstritten. Die ersten blühenden Pflanzen, die vor 137 Millionen Jahren anfingen, das Land zu verschönern, wurden von Sauriern gefressen; in einem versteinerten Sauriermagen fand man gar Baumäste! Die frühesten Fische und ersten Landpflanzen begannen vor etwa 420 Millionen Jahren die Erde zu bewohnen. Dann wird alles zunehmend unsicher, und was älter als 600 Millionen Jahre ist, ist nicht unumstritten.

Wenn wir solche Zahlen betrachten, bringt uns das noch kein rechtes Bild von dem, was in diesem Zeitraum geschehen ist, denn wir haben uns die geologischen Ereignisse dieser Zeitepoche noch nicht klargemacht. Es sind ungeheure Dinge, die sich in diesem Zeitabschnitt vollziehen. Da sind erstens die ganz großen geologischen Kräfte am Werk. Einerseits zerreißen sie den Urkontinent der Erde, andererseits lassen sie die so entstandenen Kontinente wieder zusammenprallen. Die damit verbundenen Katastrophen hat das Leben überwinden

* Das älteste bis zum Herbst 1983 entdeckte Material sind einige Körnchen einer Zirkon-Verbindung ($ZrSiO_4$), die in einem Quarzgestein Westaustraliens entdeckt wurden. Sie sind 4,1 bis 4,2 Milliarden Jahre alt.

Erdgeschichtliche Zeittafel des Phanerozoikums (Erdaltertum, Palaeozoikum; Erdmittelalter, Mesozoikum; Kaenozoikum, Erdneuzeit). (Nach E. Kuhn-Schnyder: Die Geschichte des Lebens auf der Erde)

Millionen Jahre	Zeitalter	Periode	Tierwelt	Pflanzenwelt
3	Erdneuzeit	Quartär	Erscheinen des Menschen	
67		Tertiär	Moderne Säugetiere Entfaltung der Säugetiere	
137	Erdmittelalter	Kreide	Aussterben der Dinosaurier, Flugechsen, Fischsaurier und Ammoniten	Erste Blütenpflanzen
195		Jura	Erste Vögel	
225		Trias	Erste Säugetiere Erste Dinosaurier	
285	Erdaltertum	Perm	Aussterben der Trilobiten	
350		Karbon: Pennsylvanian / Mississippian	Erste Reptilien	
405		Devon	Erste Amphibien und Ammoniten	Erste Nacktsamer Erste Farne
440		Gotlandium (Silur)	Erste Fische	Erste Landpflanzen
500		Ordovizium	Erste kieferlose Wirbeltiere	
570		Kambrium	Marine Wirbellose	Marine Pflanzen
		Praekambrium	Körperfossilien außerordentlich selten	

müssen! Eine kurze Übersicht mag einen Eindruck vom Geschehen geben:

- Vor etwa 700 Millionen Jahren, wir kennen nur wenige erste Reste von Lebensformen aus dieser Zeit, gibt es noch den »Urkontinent« der Erde, eine geschlossene, feste Landmasse. Ob sie schon einige Spuren kosmischer Gewalteinwirkung trug, vermögen wir noch nicht sicher zu sagen.
- Vor etwa 570 Millionen Jahren, wir kennen aus dieser Zeit die frühesten ozeanischen wirbellosen Tiere (s. Tabelle), ist diese Landmasse in vier Kontinente zerrissen, es gibt eine Resthälfte, ein großes »Asien«, ein kleineres »Europa« und »Nordamerika«.
- Vor etwa 390 Millionen Jahren, erste Fische und Landpflanzen beleben die Erde, haben sich »Europa« und »Nordamerika« wieder vereinigt. Wir haben nun drei Erdteile.
- Vor etwa 300 Millionen Jahren, die ersten Reptilien existieren bereits, hat sich »Euramerika« wieder an den großen Restkontinent angelagert, »Asien« ist noch ein eigener Kontinent.
- Vor etwa 225 Millionen Jahren, als Dinosaurier über die Erde stampfen und die ersten Säugetiere erscheinen, haben alle Landmassen sich wieder vereinigt, doch gibt es eine tiefe Kluft, die sogenannte Tethys-See.
- Vor etwa 190 Millionen Jahren, es gibt nun erste Vögel (ob der »Ur-Vogel« wirklich fliegen und nicht nur primitiv flattern konnte, ist ungewiß), ist die Tethys-See durch die Landmasse gebrochen. Wir haben nun zwei Kontinente, heute Gondwana und Laurasia genannt.
- Vor etwa 70 Millionen Jahren, kurz bevor die Säugetiere zu einer breiten Artenvielfalt ansetzen, vollzieht sich eine gewaltige Katastrophe, bei der die beiden Kontinentalmassen sich aufspalten in »Eurasien«, Nordamerika, Südamerika, Australien, Afrika und Indien.
- Bis heute hat sich daran nur eines geändert: Indien, tief auf der Südhalbkugel gelegen, hat sich, von großen vulkanischen Erscheinungen begleitet, nach Norden in Fahrt ge-

setzt. Es ist inzwischen mit dem Asien-Kontinent zusammengestoßen. Die Auftreffwucht schob das Himalaja-Gebirge hoch. Der Aufpralldruck wirkt noch immer!

Was diese urweltlichen Gewalten im einzelnen bewirkt haben mögen, können wir uns kaum vorstellen. An Europa aber wollen wir versuchen, gewissermaßen im zweiten Schritt, etwas davon zu erkennen. Legen wir einmal einige Punkte unseres heutigen Europas fest und betrachten wir, was sich dort abgespielt hat, wie dort die Verteilung von Land- und Wasserflächen wechselte (s. Tabelle S. 137).

Gewiß gibt die Tabelle nur einen groben Eindruck. Dann und wann hat noch eine Insel aus den Meeresfluten geragt, stellenweise waren die Wasserflächen nur seicht, etwa als vor rund 240 Millionen Jahren sich die heute stellenweise mehr als 200 Meter (!) dicken Muschelkalkschichten abzulagern begannen – ein Geschehen, das im Detail der Forschung noch unerklärlich ist. Wo wir Festland registrieren, darf man sich auch nicht nur blühende Wiesen und tiefe Wälder vorstellen. Da gab es Sand- und Staubstürme, da brach etwa der Rheingraben auf. Rhön und Vogelsberg sind Vulkanzonen, die in dem betrachteten Zeitraum tätig gewesen sein müssen. Noch in der erdgeschichtlichen Neuzeit wandelte sich viel: Es ist erst runde 10 000 Jahre her, daß in der Eifel Vulkane tätig waren.

Das langsam keimende Leben ist während der letzten 700 Millionen Jahre ohne allen Zweifel stets harten Belastungen ausgesetzt gewesen. Ja, es mag sein, daß sein Fortdauern gelegentlich auf des Messers Schneide gestanden hat.

Erdgeschichtliche Katastrophen

Offenbar haben aber nicht nur allmähliche Klimaänderungen und irdische Kräfte das Weiterleben von Pflanzen und Tieren bedroht, sondern die Lebewesen waren auch urplötzlichen Katastrophen ausgesetzt. Warum sind zum Beispiel vor rund 65 Millionen Jahren die Saurier ausgestorben?

Verteilung von Land- und Wasserflächen in Europa
(W = unter Wasser; F = Festland; Wg = nahe Wassergrenze)

Zeit Mio. Jahre	Dublin	Bretagne	London	Bordeaux	Amster-dam	Marseille	südl. Nor-wegen	Hamburg	Frankfurt	München	nördl. Adria	Königs-berg	Warschau	Budapest
~570	W	W	W	Wg	W	W	F	W	Wg	F	F	W	W	F
~530	W	W	W	W	W	W	F	Wg	W	W	W	F	F	W
~460	W	W	W	W	W	W	W	F	W	W	W	F	F	W
~410	W	W	W	W	W	W	W	F	W	W	W	W	W	W
~380	F	W	F	W	F	W	F	F	W	W	W	F	F	W
~340	W	W	Wg	W	F	W	F	F	F	F	W	F	F	W
~290	Wg	F	Wg	W	F	F	F	F	F	F	Wg	F	Wg	W
~260	F	F	F	F	F	F	F	F	F	F	W	F	F	F
~220	Wg	F	F	Wg	Wg	F	F	W	W	F	W	W	W	F
~210	F	F	F	F	F	F	F	F	F	F	W	F	F	W
~185	F	F	F	F	Wg	W	F	W	W	W	Wg	F	Wg	W
~175	F	F	F	F	F	F	F	F	F	F	Wg	F	F	Wg
~150	F	F	Wg	F	Wg	W	Wg	W	Wg	Wg	W	F	F	W
~140	Wg	F	Wg	W	Wg	W	F	F	Wg	F	W	W	W	W
~130	F	F	Wg	F	Wg	W	Wg	Wg	F	F	W	F	W	F
~100	F	F	W	W	W	F	Wg	W	F	W	W	Wg	W	W
~ 80	F	F	Wg	W	W	F	F	W	F	W	W	F	F	Wg
~ 60	F	F	F	F	W	W	F	Wg	F	F	Wg	F	Wg	W

In allerletzter Zeit: mehrere Vereisungsepochen

Über das große Saueriersterben sind so viele Theorien aufgestellt worden, daß man Bücher mit ihnen füllen kann (und gefüllt hat). Da wurde darüber diskutiert, ob ihr Nervenleitungssystem zu langsam gewesen sei, um sie im Daseinskampf überleben zu lassen. Andere Forscher meinten, ein kosmischer Strahlungsausbruch, etwa von einer Supernova, einer Sternentstehung in Erdnähe, habe ihr genetisches Material zerstört. Oder hatten sie keine Nahrung mehr finden können? Ein versteinerter Sauriermagen enthielt neben groben Ästen und vielerlei Überbleibseln tierischer Nahrung auch große Steine; hatte das Tier sie vor Hunger heruntergewürgt?

Jahrzehnte hat das Problem des plötzlichen Sauriertodes Rätsel aufgegeben, und immer, wenn eine große Naturkatastrophe stattfand oder an geologischen Befunden ablesbar wurde, hat man versucht, zum Aussterben der Saurier eine Verbindung herzustellen. Beim großen Vulkanausbruch des Krakatau 1883 ist eine Staubwolke mehrfach um die Erde gezogen: Wenn nun so eine Wolke, größer und dichter, einige Jahre um die Erde kreist, das Sonnenlicht verdunkelt, den Pflanzenwuchs reduziert – kann ein solches Ereignis nicht die Saurier getötet haben? Wenn ein großer Meteorit, so wie 1908 in Sibirien der Tunguska-Meteorit (der in Wahrheit wohl ein Kometenkopf gewesen ist), die Erde trifft, konnte das für die Saurier nicht zur Katastrophe werden? Immer wieder wurde gemutmaßt, gerechnet, gestritten. Die überzeugende Antwort blieb ebenso aus wie eine Erklärung dafür, weshalb denn überhaupt eine geologische Epoche zu Ende gegangen war und die nächste begonnen hatte.

Im Mai 1980 griff der bedeutende Züricher Geologe K. J. Hsü die Frage nach der Ursache des Saueriersterbens wieder einmal neu auf und behauptete, der Einschlag eines Kometen auf der Erde habe einen neuen geologischen Zeitabschnitt bewirkt. Seine These versuchte das Faktum des Aussterbens dieser Tiere mit einigen geologischen Befunden zu verknüpfen, die sonst schwer zu deuten waren. Da gab es in einigen dünnen Tonschichten, 65 Millionen Jahre alt, ungewöhnliche Konzentrationen des zu den Platinelementen zählenden Metalles Iridium, dann war um jene Zeit offenbar der ^{13}C-Gehalt des Meerwassers anormal gewesen, und die Arten der Kleinlebewesen der Ozeane hatten sich auch geändert. Wenn Hsü alles zusammenfaßte, so war es denkbar, daß alles dies die Folgen eines Kometeneinschlages auf der Erde sein konnten.

Aber war das alles nicht vielleicht auch ganz anders erklärbar?

Kaum einen Monat später erschien eine Arbeit einer Gruppe von Physikern und Geologen in den USA zum gleichen Problem, die erstaunliche Dinge mitteilte: Genaue Isotopenuntersuchungen deuteten darauf hin, daß das Iridium außerirdischen Ursprungs ist! Die Forscher folgerten aus diesem Resultat, ein kleiner Asteroid, ein Miniplanet unseres Sonnensystems, sei vor 65 Millionen Jahren mit unserer Erde kollidiert! Als sie alles durchdacht und einige Rechnungen angestellt hatten, konnten sie noch mehr sagen: Dieses kosmische Objekt muß zwischen sechs und 14 Kilometer (!) Durchmesser gehabt haben.

Wie bei derartigen Sensationsnachrichten nicht anders zu erwarten, meldeten sich weitere Forscher zu Wort und trugen aus ihrem Wissen bei. So war wenig später zu lesen, das riesige kosmische Geschoß könne ebensogut ein Meteorit gewesen sein, ein Brocken von elf Kilometer Durchmesser, 2500 Milliarden Tonnen schwer.

Vielleicht läßt sich irgendwann einmal mit Sicherheit klären, ob die Masse, die die Erde traf, ein Komet, ein Asteroid oder ein Meteorit gewesen ist, aber das ist letzten Endes gegenwärtig weniger wichtig als die Aussage: Vor 65 Millionen Jahren ist auf unserer Erde ein kleiner »Weltkörper« eingeschlagen und hat 70 Prozent aller Arten von Lebewesen vernichtet – nicht nur die Saurier!

Es gibt viele Krater auf unserer Erde, die von Meteoriteneinschlägen künden. Das Nördlinger Ries ist vor 15 Millionen Jahren von einem Meteoriten geschaffen worden, der etwa einen Kubikkilometer groß war. Gesteinstrümmer sind damals bis

Augsburg geflogen, zu Glas geschmolzene Gesteinsfetzen (Tektite) bis Brünn in die Tschechoslowakei.

Ein Spezialist der Ballistik oder eben ein Meteoritenkundler kann sich so ein Ereignis noch ausmalen, sich vorstellen, wie der Meteorit der Erde näher kommt, auf die für ihn (der sich mit etwa 30 km/sec bewegt) feste Lufthülle trifft, wie die momentane Erhitzung auf ihn (weltraum-kalt) wirkt, ob und wie er in Teile zerspringt, ob er bis zur Erdoberfläche durchschlägt oder verdampft. Vom Ries-Meteoriten hat man 1973 in 600 bis 700 Meter Tiefe im Ries-Kessel Reste nachgewiesen. Bei seinem Aufprall flogen mehrere Kubikkilometer Gestein fort.

Die Folgen, die das kosmische Geschoß hervorrief, das die Erde vor 65 Millionen Jahren traf, kann sich aber auch der Fachmann kaum vorstellen. Momentaner Temperaturanstieg, Verdampfen riesiger Wassermassen, Regenfälle, Freisetzung von Gasen aus den Ozeanen, Schockwellen in der Erdkruste, Hebungen und Versinken großer Landflächen, Verdunkelung der Sonne durch Staubwolken – vielleicht während vieler Jahre –, eine entsprechende Abnahme des Pflanzenwuchses. Wenn das Objekt ein Komet war, so hat es möglicherweise eine Menge giftiger Gase mit in die Atmosphäre gebracht, die Wissenschaftler nehmen an, es könnten Cyanverbindungen gewesen sein. Am Ende verpesteten auch noch die vielen tierischen Kadaver und faulenden Pflanzenreste die Luft.

Was immer da vor 65 Millionen Jahren geschehen ist, es muß eine Umweltkatastrophe gigantischen, ja, kosmischen Ausmaßes gewesen sein – aber das Leben überlebte doch!

Das Leben, es ist einfach unausrottbar. Seit 3700 Millionen Jahren existiert es auf unserem Globus, und ohne Zweifel hat es in dieser Zeit mehr als die eine Katastrophe vor 65 Millionen Jahren überstanden. 2300 Millionen Jahre alte Ablagerungen im antarktischen Seeboden, die Gold und Iridium enthalten, dürften auf ein ähnliches Ereignis zurückgehen. Wir wissen heute, daß es damals bereits einfache Lebensformen auf der Erde gegeben hat. Ob und wie sie von dieser Katastrophe betroffen worden sind, wissen wir allerdings noch nicht.

Wenn wir von diesen frühen Lebensformen sprechen wollen, müssen wir uns nun langsam in die ältere Vergangenheit zurücktasten – was uns allerdings nur in groben Zügen gelingen kann.

Fast vier Milliarden Jahre alt und unverwest

Die Versteinerungen, die wir kennen, Muscheln, Schnecken und sehr alte Abdrücke von Quallen, gehen kaum auf mehr als 600 Millionen Jahre zurück. Davor gibt es nur mehr oder minder dubiose Überbleibsel, die sich nur schwer zuordnen lassen. Sind es Abdrücke von Pflanzenresten? Wurmartigen Wesen? Spuren von Fährten? Die Deutung zerrinnt, je länger man hinschaut. Aber da gibt es auch andere Spuren, seltsame, rätselhafte Verfärbungen in viel älteren Gesteinen. In dem Urgebirgsmassiv Nordamerikas etwa, im sogenannten Kanadischen Schild, fanden sich 1954 kleine, rundliche Einschlüsse – waren das Reste vergangenen Lebens? Die modernen analytischen Möglichkeiten ließen genauere Untersuchungen zu als zuvor. Das Resultat: Es sind Reste von Algen, 1600 Millionen Jahre alt!

Nun galt der alte Lehrsatz nicht mehr, das Leben sei bestenfalls 600 oder 700 Millionen Jahre alt. In rascher Folge gelang der Nachweis immer älteren Lebens. Algen, Bakterien, Zellen, die 2000 Millionen Jahre alt sind, wurden in einer Gesteinsformation in Ontario/Kanada entdeckt. Urorganismen, stäbchenförmig, ließen sich in einem dunklen Quarz aus dem südafrikanischen Goldminengebiet nachweisen, sie sind mindestens 2900 Millionen Jahre alt. In Transvaal, etwa 200 Kilometer nördlich Durban, wurden 1977 ganze Matten von ehemaligen Algen, sogenannte Stromatolite, gefunden, ihr Alter beträgt 3000 Millionen Jahre, womit wir also die 3-Milliarden-Jahresgrenze erreichen!

Südafrikanische Gesteine erweisen sich bald darauf als eine Fundgrube für früheste Lebensreste. Als 3,4 Milliarden Jahre alt erweisen sich andere Relikte, und sie werden rasch durch Entdeckungen in westaustralischen Gesteinen, die 3,5 Milliarden Jahre alt sind, übertroffen. In einem Quarzit aus Südwest-Grönland gar scheint das 3,7- bis 3,8-Milliarden-Jahre-Alter von Lebensformen nachweisbar.

Alles das, was man findet, hat zwar nur kümmerlich ausgeprägte, aber doch erkennbar eine Gestalt. Aber kann man sich da nicht irren? Ist es nicht denkbar, daß diese Gebilde Zufallsformen sind? Könnten das nicht auch anorganisch-chemische Gebilde sein, entstanden aus Wassertröpfchen, abgeschiedenen Salzen, winzigen Luftblasen oder sonst etwas? Dürfen wir sicher sein, daß in diesen kaum mikroskopisch sichtbaren Verfärbungen einst ein Stoffwechsel stattgefunden hat? Wo bleibt der Beweis für das ehemalige Leben?

Eine Überraschung lag in der Luft. Die neuesten Untersuchungsmethoden der Chemie wurden eingesetzt und – die Wissenschaft erlebte eine Art Schock! Eine scheinbar unumstößliche Erfahrung erwies sich als falsch: Tote Lebewesen lösen sich nicht einfach auf, werden nicht zu anonymem »Staub«, wie die Bibel meint, ihre zerfallenden Körper bleiben chemisch »ewig« nachweisbar!

In drei Milliarden Jahre alten Gesteinen Südafrikas konnten noch mindestens 22 verschiedene Aminosäuren nachgewiesen werden, die einst lebendes Eiweiß gewesen sind. In Erdöl- und nicht nur in Kohlenlagerstätten fanden sich zahlreiche Stoffe, die vom Leben vergangener Pflanzen und Tiere zeugen. Im dunklen Schiefer entdeckte man Verbindungen aus der Reihe der Sterine, die ehedem so etwas wie Gallensäuren, ein Geschlechtshormon oder eine Substanz ähnlich dem Wollfett der Schafe gewesen sein mögen. Auch Terpene, uns heute als Basis von Duftstoffen vertraut, lassen sich noch im Schiefer finden. Daß der Schiefer auch Fettsäuren, Carbonsäuren, enthält, verwunderte bald kaum noch jemanden. Zerfallene Reste von Chlorophyllmolekülen, dem grünen Blattfarbstoff unserer Zeit, bezeugten, daß es auch Pflanzen gegeben hat, nicht nur tierische Lebewesen oder Mikroorganismen.

Im dunklen Feuerstein Ontarios (der nur etwa ein Prozent an organischen Verbindungen enthält!), er ist knapp zwei Milliarden Jahre alt, ließen sich gewissermaßen »eingefrorene« Reaktionszwischenprodukte (der Chemiker nennt sie »Radikale«) nachweisen. Es gelang, diese Substanzen ehemaligen pflanzenähnlichen Mikroorganismen zuzuordnen.

Große Gruppen von Naturstoffen können wir über riesige Zeiträume noch als Reste von Lebewesen nachweisen:

Carotinoide mehr als 5000 Jahre;
Peptide (Eiweiß) rd. 100 000 Jahre;
Zucker etwa 10 Millionen Jahre;
Farbstoffe fast 80 Millionen Jahre;
Chlorophyll, Aminosäuren, Kohlenwasserstoffe und Porphyrine mehrere Milliarden Jahre.

Niemand hätte vor wenigen Jahrzehnten auch nur vermutet, daß tierische und pflanzliche Körperreste so unverweslich sein könnten. Auch unsere Körper, wenn sie einst »vergangen« sein werden, werden in vielen Bestandteilen noch Generationen lang überdauern! Unsere Friedhöfe sind, wissenschaftlich gesehen, Endlagerstätten.

Sogleich erheben sich vor uns aber neue, für unsere herkömmliche Vorstellungswelt, wie Religion, Schule und Geschichte sie in uns geformt haben, bestürzende Folgerungen:

Was je auf Erden lebte und bis in unsere Zeit überkam, hatte einen Stoffwechsel, der unserem heutigen entspricht. Diese Aussage schließt ein, daß diejenigen Reaktionen, aus denen Lebewesen und ihr Stoffwechsel sich formten, chemisch extrem begünstigt gewesen sein müssen. Somit sind Leben und Stoffwechsel kein »Zufall«, keine statistischen Gegebenheiten, sondern nach den Gesetzen der chemischen Reaktivitäten entstanden.

Frühzeit-Bakterien leben noch mit uns

Es gibt also eine klare Entwicklungslinie jener chemischen Abläufe, die wir »Leben« nennen. Doch damit nicht genug. Wie immer im chemischen Reaktionsgeschehen muß es – und hat es – hier auch Nebenreaktionen gegeben. Es sind auch andere Lebensweisen entstanden, und ihre Nachkommen leben sogar heute noch unter uns!

Im schleimigen Satz aus Heilquellen der Schwefelbäder, in stinkenden Wässern aus Mooren, in faulig-übelriechenden Teichen, ja in stehendem Wasser bei Eisenerzbergwerken findet man gelegentlich große Massen feiner, schlangenartig durcheinanderkriechender schmiegsamer Fäden. Es blieb dem genialen Russen Sergius Winogradsky vorbehalten, sie als etwas ganz Absonderliches zu erkennen. Winogradsky arbeitete damals, man schrieb das Jahr 1883, als »Gastforscher« bei dem großen Mykologen Anton de Bary (1831–1888) in Straßburg. Unter dem Mikroskop zeigten sich ihm in den farblos-klaren Fäden kleine, gelbe Punkte, gelb wie Schwefel. In ähnlichen rötlichen Fäden aus Wässern vom gleichen Ort waren auch diese gelben Punkte.

Irgend jemand hatte das vor längerer Zeit auch schon einmal beobachtet, gewiß, das würde eben Schwefel sein. Warum nicht? Doch Winogradsky dachte weiter. Alle Pfützen, Tümpel und Quellen, in denen diese seltsamen, offenbar gelben elementaren Schwefel enthaltenden Fäden wuchsen, hatten eines gemeinsam: Sie rochen, besser gesagt, sie stanken, nach Schwefelwasserstoff (H_2S), jenem Gase, das uns gemeinhin an faule Eier denken läßt. Waren die Schwefelteilchen in diesen Lebewesen aus dem Schwefelwasserstoff entstanden? Lebte ihr Organismus, indem er den Schwefelwasserstoff zu Schwefel umsetzte? Konnte das stinkende Schwefelwasserstoffgas für diese schmierigen Fäden das sein, was für uns der Sauerstoff der Luft ist?

Winogradsky begann zu experimentieren. Sein entscheidender Versuch war in der Anlage sehr einfach: Zwischen zwei dünne Glasscheiben gab er einige Tropfen Wasser, das mit Schwefelwasserstoff gesättigt war. Im Wasser waren einige der rätselhaften Fäden (von den Fachleuten mit dem Namen »Beggiatoa« benannt). Was würde geschehen, wenn der Schwefelwasserstoff verschwand, wenn er verbraucht war? Unter dem Mikroskop zeigte sich, daß die beweglichen Fäden sich zur Mitte der Tropfen hin sammelten. In ihrem Inneren bildeten sie ohne Zweifel auch neue Schwefelkügelchen. Hier hatten sie genug Schwefelwasserstoff, um zu leben. Vom Rand her aber trat Sauerstoff zwischen die Glasscheiben, offenbar war er für sie unbrauchbar, vielleicht gar giftig. Als der Schwefelwasserstoffgehalt der Tröpfchen verbraucht war, hörten die Fäden auf, sich zu bewegen, begannen abzusterben. Vorsichtig führte Winogradsky den Tropfen wieder etwas Schwefelwasserstoffgas zu. Das Resultat war eindeutig: Ihr Leben begann neu!

Also gab es:

1) Lebewesen, die aus Schwefelwasserstoff Schwefel machen und ihre Lebensenergie daraus schöpfen;

2) Lebewesen, die keinen Sauerstoff mögen.

Die Wissenschaft kennt inzwischen eine ganze Serie ähnlich seltsamer Lebewesen:

- »Eisenbakterien«, von denen Winogradsky meinte, sie würden sich die Umwandlung von zweiwertigem in dreiwertiges Eisen für ihren Stoffwechsel nutzbar machen – was bis heute allerdings unbewiesen ist,
- die »methanbildenden« Bakterien,
- »sulfatreduzierende« Mikroorganismen,
- »Erdöl-Bakterien«, welche die Kohlenwasserstoffe des Erdöls umwandeln und die unter hohem Gebirgsdruck ohne Luft und Sonne existieren,
- »Nitrat-« bzw. »Nitrit-Bakterien«, die eben auch aus einer anorganischen Umsetzung ihre Lebensenergie schöpfen.

Sind diese und andere »kuriose« Lebewesen mit ihrem eigentümlichen Stoffwechsel die Nachkommen von Urlebewesen? Stammen sie gar aus einer Zeit, da es auf der Erde noch kein Sonnenlicht und keine Sauerstoffatmosphäre gab? Vermutlich gibt es erst seit vier Milliarden Jahren Sauerstoff auf der Erde – sind also diese Lebenszweige noch älter?

Das Wort »Archä-Bakterien«, Urbakterien, beginnt 1977 die Runde zu machen.

Wenn eine Reihe einzelner unverstandener Resultate beisammen ist, so schlägt der Wissenschaft gelegentlich die Stunde der plötzlichen Erkenntnis. Bis es soweit ist, kann es viele Jahre dauern – manchmal Jahrhunderte. Was die Urbakterien angeht, so bewirkte eine winzige Kleinigkeit den Moment des Verstehens: Es war buchstäblich die metallene Spitze einer Injektionsspritze. Betrachten wir einmal die Situation.

Da arbeitet an der altehrwürdigen Universität Marburg/Lahn eine Gruppe von Biologen unter der Leitung ihres Professors Rolf Thauer (geb. 1939) an der Aufgabe, methanbildende Bakterien zu züchten. Methan, das ist »Sumpfgas«, die einfachste Kohlenwasserstoff-Verbindung, die wir kennen, die Ursache der Schlagwetterexplosionen im Kohlenbergbau, chemisch durch die Formel CH_4 wiedergegeben. Ein großer Anteil von allem Erdgas ist Methan. Erdgas – es ist einst von Mikroorganismen, von Bakterien, geschaffen; und noch heute bilden sich jährlich 700 000 000 Tonnen (!) Erdgas aus biologischem Material. Das allein könnte genügen, die methanbildenden Bakterien einmal näher anzuschauen, doch da ist noch die andere Seltsamkeit: Das Methan steht im Stoffwechselablauf dieser Bakterien offenbar dort, wo bei Mensch und Tier das Kohlendioxid als Schlußstein steht, das von den Pflanzen aufgenommen wird, die uns dafür unseren Sauerstoff zum Atmen geben. Es sind sogar zwei biochemische Reaktionswege bekannt, die zum End- und Ausscheidungsprodukt Methan führen:

1 Molekül Kohlendioxid	+ 8 Atome Wasserstoff	→	Methan + 2 Wasser-Moleküle

$$CO_2 + 4H_2 \rightarrow CH_4 + 2H_2O$$

und

1 Molekül Essigsäure → Methan + Kohlendioxid

$$H_3C\text{–}COOH \rightarrow CH_4 + CO_2$$

Die methanbildenden Bakterien – eine ganze Gruppe unterschiedlicher Formen ist bekannt – werden in großen Glasbehältern gezüchtet. Um wachsen zu können, muß man ihnen neben einigen Mineralsalzen auch einige Spurenelemente wie Kobalt und Molybdän und andere Metalle in geeigneter Form anbieten, vor allem aber sie mit einem Gasgemisch aus vier Teilen Wasserstoff und einem Teil Kohlendioxid versorgen, so wie es die obere Formel andeutet. Dann wachsen sie, und das entstehende Methan läßt sich sammeln. Sauerstoff sollte ausgeschlossen werden, dafür aber Schwefelwasserstoff zur Verfügung stehen (wir erinnern uns an das Experiment von Winogradsky).

Das verblüffende bei den Versuchen von Prof. Thauer war nun, daß die methanbildenden Bakterien bei sonst offenbar völlig gleichen Versuchsbedingungen einmal vorzüglich, dann wiederum kaum wuchsen. Waren die Versuchsbedingungen wirklich stets gleich gewesen nach Substanzen und Temperatur? Lag es an den Behältern? Waren die Gase rein genug? Lag es etwa an den Bakterien selbst? Was konnte hier alles die Ursache sein? Nach einem halben Jahr des Suchens und Tastens ergab sich: Wenn die Kanüle einer Spritze, mit der regelmäßig Proben genommen wurden, tiefer in die Bakterienkultur eintauchte, war das Wachstum besser. Was konnte das bedeuten?

Kanülen werden aus Edelstahl hergestellt, also aus einem Metall, das im wesentlichen aus Eisen, Chrom und Nickel besteht. Eisen war schon in der Bakterienkultur vom Ansatz her. War es das Chrom, das hier eine Rolle spielte? Nein, es zeigte sich rasch, es war das Nickel. Spuren von Nickel, aus dem Metall der Edelstahlkanüle in die Bakterienkultur abgegeben, entschieden über Gedeihen und Methanproduktion der Bakterien. Wozu aber brauchen die Bakterien das Nickel?

Die Forscher überlegten, rechneten, setzten radioaktives Nickel (^{63}Ni) ein, verfolgten den Weg dieses Nickels im Bakterienstoffwechsel und fanden, daß 50 Prozent des Nickels in einer gelben Verbindung enthalten sind, die die methanbildenden Bakterien erzeugen. Was konnte das für eine Verbindung sein? Sie mußte im Stoffwechsel der methanbildenden Bakterien eine zentrale Bedeutung haben.

Leben, bevor die Sonne schien

Die grünen Pflanzen unserer Umwelt, mag es sich um Gräser oder Bäume handeln, entziehen unserer Luft Jahr um Jahr die riesige Menge von

100 000 000 000 Tonnen

des Gases Kohlendioxid, das es ihnen erlaubt, neues Pflanzenmaterial zu bilden. Eine entsprechend große Menge Sauerstoff, den sie nicht benötigen, geben sie zurück, so daß Mensch und Tier immer genug Sauerstoff zum Atmen haben. Schematisch sieht das in der Formelschreibweise der Chemiker so aus:

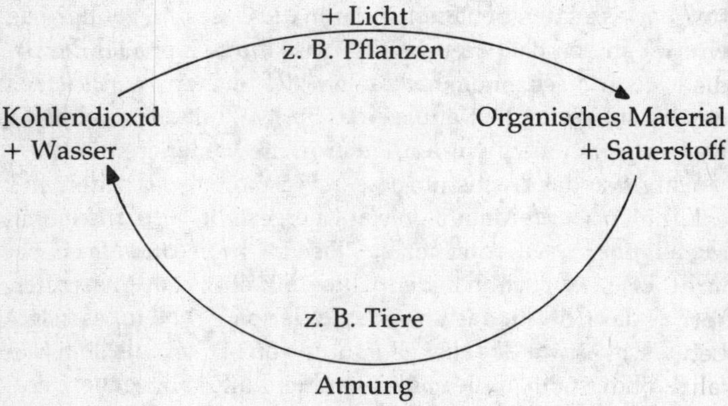

Im oberen wie im unteren Reaktionsweg spielen chemische Verbindungen eine Rolle, die in ihrem zentralen Teil sehr ähnlich, fast identisch sind, nur daß sich bei den Pflanzen hier ein Atom Magnesium findet (im Chlorophyll), während beim Tier eben dort ein Eisenatom steht (im Hämoglobin, Blutfarbstoff).

Auch an anderer Stelle benutzt die Natur dieses Grundgerüst, das der Chemiker so schreibt:

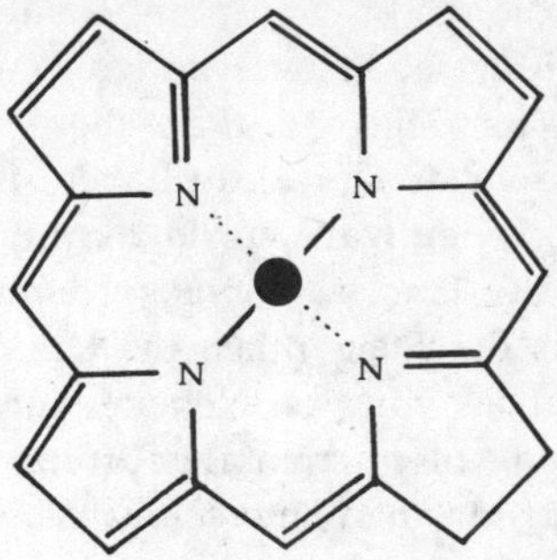

und von dem er sagt, daß in einem Gerüst mit vier Pyrrolringen zentral (der schwarze Punkt) Magnesium oder Eisen gebunden sind.

Ist es Magnesium, so ist die Verbindung grün – ist es Eisen, so ist die Verbindung rot –, wenn nun dort Nickel stünde, würde sie dann gelb sein? Ist die so wunderbare Verbindung, die die Bakterien Methan »ausatmen« läßt, denen ähnlich, mit denen wir Sauerstoff und die Pflanzen Kohlendioxid im Stoffwechsel umsetzen? Der Beweis konnte erbracht werden!

Was bedeutet das? Wir sehen vor uns die Möglichkeit, daß es Leben auf unserem Planeten gab, bevor die ersten Sonnenstrahlen die Erde (von Wolken umhüllt) erreichten, ja, bevor ihre Lufthülle Sauerstoff enthielt. Wir sind damit dem Ursprung des Lebens einen großen Schritt näher gekommen: Das Leben kann noch viel älter sein, als es die 3,7 bis 3,8 Milliarden Jahre alten Gesteinseinschlüsse bisher belegt haben!

Bei der Untersuchung der Urbakterien werden wir wohl noch manches überraschende Ergebnis verbuchen müssen. Wir werden weiter den Glauben verlieren, das Leben sei eine sehr spezielle, auf uns, den Menschen, zielende göttliche Schöpfung. Und in der fernen Zukunft, wird man dann auch uns vielleicht einst als nichts anderes begreifen als eine »verbesserte« Urbakterien-Art?

Störungen im Radio sind uns nur zu bekannt: Defekte Haushaltsgeräte, Gewitter und vielerlei andere Ursachen geben, besonders auf der Kurzwelle, ein »Rauschen«, ein Untergrundgeräusch, an das wir uns gewöhnt haben. Im Jahre 1931, als der Rundfunk noch neu war, wurde der junge amerikanische Radioingenieur K. G. Jansky (1905-1950) damit beauftragt, herauszufinden, was denn eigentlich die Ursache dieses »Rauschens« sei. Manches von den Nebengeräuschen, die er mit seiner beweglichen Antennenanlage auffing, ließ sich leicht ermitteln – aber da war auch eine schwache Komponente, die nicht so einfach zu begreifen war. Zuerst schien es Jansky, als käme diese Rundfunkstörung von der Sonne. War die Sonne so etwas wie ein Radiosender? Doch an den nächsten Tagen zeigte es sich, daß sich dieser störende Radiosender am Himmel anders als die Sonne bewegte. Er zog ganz eindeutig von Osten nach Westen über den Himmel. 1932 war es Jansky dann klar, daß dieser kosmische »Störsender« im Sternbild des Schützen liegen mußte. Das bedeutete wiederum, daß diese Strahlung von sehr weit her, von außerhalb unseres Planetensystems, aus der Ferne unserer Galaxis, unserer Milchstraße, kam.

Ein phantastisches Resultat; Rundfunk aus dem Weltall – heute wäre das eine Sensationsmeldung und Anlaß zu wildesten Spekulationen. Doch Jansky war ein nüchterner Physiker, und alles, was er tat, war eine Veröffentlichung seines Resultates in einer radiotechnischen Zeitschrift. So kam es, daß kaum ein Astronom von diesem aufregenden Resultat hörte. Jahre vergingen, ehe man begriff, daß mit seiner Forschungsarbeit die Radioastronomie begonnen hatte, man nun sogar das Zentrum unserer Milchstraße »sehen« konnte, runde 30 000 Lichtjahre von uns entfernt!

Der Zweite Weltkrieg kam und brachte die Entwicklung der Radartechnik. Als er beendet war, erlaubten es die Radar-(Funkmeß-)geräte nicht nur, Funkstrahlen gebündelt zu senden, sondern eben auch winzige, reflektierte Radioenergien mit höchster Präzision wieder aufzufangen und zu meßbaren Energien zu verstärken. Nun hatte kurz zuvor der niederländische Astronom J. H. Oort (geboren 1900) berechnet, daß im Weltall vorhandener Wasserstoff auf einer bestimmten Wellenlänge Signale aussenden müsse. Es begann die Suche nach dieser Strahlung, wobei ein von der deutschen Luftwaffe zurückgelassenes Radargerät, ein »Würzburg-Riese«, eine bedeutende Rolle spielte. Im Jahre 1951 fand dann der US-Physiker E. M. Purcell (geboren 1912) genau die von Oort vorherberechnete Strahlung, die 21-Zentimeter-Wellenlänge der Wasserstoffatome. Mit ihrer Hilfe wurde es möglich, die Lage der Spiralarme unserer Galaxis zuverlässig zu bestimmen.

Wir wohnen auf unserer Erde in einer sehr schön geformten, flachen Spiralnebel-Scheibe! Ihr Durchmesser beträgt etwa 100 000 Lichtjahre, und sie ist ungefähr 16 000 Lichtjahre »dick«.

Wie sich bald zeigte, ist es nicht nur möglich, die Strahlung auf 21 Zentimeter Wellenlänge »radioastronomisch« aus dem All zu empfangen, sondern die nun immer weiter entwickelten »Radioteleskope« registrierten auch andere Wellenlängen sehr genau. Die Strahlung aus den interstellaren Wolken, den Dunkelwolken in der Tiefe der Milchstraße, erwies sich als besonders interessant. Die interstellaren Staub-Dunkelwolken waren nicht nur auf der südlichen Halbkugel unserer Erde (vgl. S. 87) bemerkt worden. In Europa hatte ein Mann die Problematik des dunklen Nachthimmels sehr scharf so formuliert: Wenn überall Stern neben Stern am Himmel steht, warum ist da der Nachthimmel nicht gleichmäßig hell? Mit anderen Worten: Ich wundere mich nicht über die Helligkeit, sondern über die Dunkelheit des Nachthimmels. Der Mann, der so ketzerisch fragte, war ein Deutscher: Heinrich Wilhelm Matthäus Olbers (1758-1840). Der Herkunft nach war er Mediziner, doch als er im Jahre 1826 seine paradoxe Frage öffentlich stellte, war er längst berühmt als der Entdecker von fünf Kometen und zwei Planetoiden (Pallas und Vesta).

Warum ist der Nachthimmel dunkel? Das war, als man sie begriffen hatte, eine geradezu geniale Frage. Und Olbers hatte eine Antwort: Wenn die Zahl der Sterne unendlich groß ist und also der Nachthimmel überall hell sein sollte, so muß es am Sternenhimmel Wolken geben, die das Sternenlicht verdekken: Staubwolken, schlug Olbers vor.

Wie sehr er im Recht war, zeigte nun die Radioastronomie. Im Durchschnitt, so ergaben die Radiosignale, befindet sich in jedem Kubikzentimeter des Raumes in unserer Milchstraße ein Wasserstoffatom, in den »Dunkelwolken« aber sind es bis zu einer Million Wasserstoffatome! Das schien glaubhaft und war zunächst nicht einmal besonders aufregend, bis um das Jahr 1970 die Überraschungen nur so hagelten, bis nämlich klar wurde: Da ist keineswegs nur Wasserstoff »da oben«, da gibt es vielmehr eine schier endlose Serie von chemischen Verbindungen, sogar Verbindungen, die wir von der Erde nicht kennen, nicht einmal als Laboratoriumskuriositäten, viele von ihnen in der Form hoch reaktionsfähiger Molekülbruchstücke, sogenannter Radikale!

Eine völlig neue, schier unglaubliche Chemie des Kosmos entfaltete sich.

Gut, es mag dort in den Dunkelwolken Wasserstoff, Schwefel- und Stickstoffverbindungen geben, anorganisches Material wie Schwefelmonoxid (SO), Ammoniak (NH_3), Siliciummonoxid (SiO), gar auch Wasser (H_2O), aber wenn die Radioastronomen von organischen Verbindungen sprechen? Sie sprachen sogar oft davon und meldeten immer neue Kohlenstoffverbindungen an, die sie radiospektroskopisch erkannt hatten:

Cyanwasserstoff (Blausäure)	HCN,
Formaldehyd	H_2CO,
Isocyansäure	HNCO,
Cyanamid	NH_2CN,
Methylalkohol	CH_3OH,
Acetonitril	CH_3CN,
Acetaldehyd	CH_3CHO,
Dimethylether	$(CH_3)_2O$,

und so ging das weiter! Dazu kamen Verbindungen, die wirklich nur die Bezeichnung »exotisch« verdienten, Verbindungen, von denen die Chemiker zuvor nie gehört hatten:

2, 4, 6-Heptatriin-nitril HC_7N,
2, 4, 6, 8-Nonatetrain-nitril HC_9N.

Niemand hatte es zuvor für möglich gehalten, daß es im Weltall eine solche Fülle von Molekülen geben könnte, die zur organischen Chemie gehören. Und das ganz ohne Zweifel, denn die modernen Methoden der Radioastronomie sind so ausgefeilt, daß sich sogar die Isotopenzusammensetzung von Weltallmolekülen messen ließ. Da gibt es an Wassermolekülen nicht nur das übliche H_2O, sondern auch HDO, also deuteriumhaltiges Wasser, und solches, das anstelle des bei uns üblichen Sauerstoff-16 das Isotop Sauerstoff-18 enthält.

Was aber bedeutet das alles? Was ergibt sich, wenn man nach einem Gesamtverständnis sucht?

Es mag erstaunlich klingen, aber wir können vielleicht doch einen Vergleich mit unserer Erdoberfläche wagen: Mengenmäßig machen die anorganischen Substanzen, die Verbindungen der unbelebten Chemie, den Hauptanteil aus. Der Unterschiedlichkeit, der Zahl der Verbindungen nach, sind aber die organischen Verbindungen erheblicher. Die häufigsten chemischen Elemente in den interstellaren Wolken sind Helium, Kohlenstoff, Stickstoff, Sauerstoff, Silicium und Schwefel – wenn man einmal von Wasserstoff absieht, von dem es dort wirklich riesige Mengen gibt. Der im interstellaren Raum vorhandene Wasserstoff allein würde (nach vorläufigen Schätzungen) ausreichen, um 2 000 000 000mal unsere Sonnenmasse zu bilden.

Die Radioastronomie hat binnen weniger Jahrzehnte unserem Bild der Welt eine neue Dimension hinzugefügt und dazu beigetragen, uns, mit unserer Erde, ja, mit unserem ganzen Sonnensystem, weiter zu einer unbedeutenden Erscheinung zu einem Fast-Nichts im kosmischen Geschehen werden zu lassen.

Eine Lehrbuchmeinung besagt, die Meteorite erreichten die Erde aus dem Asteroidengürtel. Wenn das stimmt, so stammen sie gewissermaßen noch aus unserer Nachbarschaft, einer Gegend unseres Sonnensystems, die »nur« 1000 Millionen Kilometer von uns entfernt ist.

Trifft ein größerer Meteorit die Erde, so kann das Schauspiel nicht nur von donnerndem Getöse begleitet sein, sondern auch – selbst am hellen Tage – eine lange Feuerspur über den Himmel ziehen. Denn in der Erdatmosphäre wird die äußere Meteoritenschicht glühend heiß, schmilzt und bleibt als leuchtender Staub längs der Meteoritenbahn zurück. Der große deutsche Meteoritenforscher Ernst Chladni (1756–1827) hat in seinem 1819 veröffentlichten Buch »Über Feuer-Meteore« Dutzende solcher Ereignisse beschrieben. Allein aus Deutschland kennen wir heute 50 Meteoritenfunde, Meteorite bis zu 870 Kilogramm schwer! Rekapitulieren wir nun einige der berühmt gewordenen Meteoritenfälle:

Am Vormittag des 7. November 1492 (dem Jahr der Entdekkung Amerikas) fiel zwischen elf und zwölf Uhr bei Ensisheim im Elsaß donnernd ein großer steinerner Meteorit vom Himmel und drang »eine halbe Manneslänge« in einen Acker ein. Das kosmische Geschoß wog 130 Kilogramm und erregte riesiges Aufsehen als »ein Wunder Gottes«. Seither haben Souvenirjäger immer wieder Stücke abgeschlagen, doch im Rathaus von Ensisheim zeigt man noch heute einen Rest von etwa 55 Kilogramm; in den Sammlungen einiger europäischer Museen gibt es weitere Bruchstücke.

In der Pfalz, zwischen Kaiserslautern und Homburg, liegt das kleine Dorf Krähenberg. Dort schlägt am 5. Mai 1869 ein 15,75 Kilo schwerer Steinmeteorit mit Blitz und Donner in eine Wiese, wenige Schritte neben einem Mädchen, ein! Im Umkreis von 70 bis 80 Kilometer hört man den Donner, als der Meteorit, ein heller Streifen, durch die Luft schießt. Der Einschlagskrater ist etwa einen halben Meter tief und ebenso breit.

Heute wissen wir aufgrund von Altersbestimmungen, daß dieser Meteorit etwa so alt ist wie unser Sonnensystem. Er hat also »seit Urzeiten« im All seine Bahn gezogen, bevor er der Erde begegnete.

Als der Beddgelert-Meteorit um etwa drei Uhr nachts am 21. September 1949 in Wales fällt, durchschlägt er das Dach eines Hotels, und ein Reisender, der dort übernachtet und einmal kurz sein Bett verlassen hat, findet nach seiner Rückkehr das Bett zertrümmert vor.

Gewiß hat es bei Meteoritenfällen mehr als einmal Tote und Verletzte gegeben, doch ist aus neuerer Zeit nur ein »Treffer« bekannt. In Sylacauga/Alabama durchschlug ein 3,8 Kilogramm schwerer Meteorit am 30. November 1954 ein Hausdach, einen Balken, eine Holzdecke, traf ein Radiogerät, glitt schräg ab und fiel nun auf eine im Bett liegende Frau, die mit Quetschwunden in ein Krankenhaus eingeliefert werden mußte.

Bei der Mehrzahl der uns bekannten Meteorite handelt es sich um Eisen-Nickel-Legierungen, um Gesteinsbrocken oder um Stein-Eisen-Gemische. Nur sehr selten findet man die sogenannten »Kohligen Chondrite«. Sie haben lange als zweifelhaft gegolten. Waren diese organisch-chemischen Massen wirklich vom Himmel gefallen? Da soll am 16. Juni 1794 in Oberitalien eine »Feuerkugel« vom Himmel gestürzt sein, mit Steinen, die »teerig« waren und »wie nach Pulver rochen«. Zwei Jahre später wird von einer »Feuerkugel« aus der Oberlausitz berichtet, der ein »harziger Stoff« anhaftete. Am 15. März 1806 fallen unter Donnern und Zischen in Frankreich zwei Meteorite. Sie enthalten Eisenteilchen, sind aber sonst »wie fester schwarzer Torf«, zerfallen in Wasser, werden langsam zu einem schwarzen Mulm. Sind das Meteorite? Viele Vermutungen werden laut. Sind die »Kohligen Chondrite« so etwas wie Erde, wie Humus von einem anderen Stern? Sind Meteorite vielleicht gar Reste eines zerfallenen Sternes, auf dem es einst Leben gegeben hat? 1880 glaubt ein Forscher, in Meteoriten deutlich »Pflanzenfilz« erkennen zu können.

Schon erwächst das Bild eines Planeten, der, wie die Erde, im Innern einen Eisen-Nickel-Kern enthält, darum eine steinerne Hülle und der auf der Außenfläche Leben trägt, Tiere und Pflanzen. Dann kommt die Katastrophe: Der Planet birst, wird in kleinste Brocken zerrissen, seine Reste treiben im All und erreichen uns, auf der Erde, als Eisenmeteorite, als meteoritisches Gestein, als »Kohlige Chondrite«. Sind also die Meteorite die Reste eines Planeten, der in unserem Sonnensystem zwischen Mars und Jupiter »fehlt«?

Wir glauben heute, daß es zwischen Mars und Jupiter nie einen Planeten gegeben hat. Nach vorläufigen Rechnungen hätte das dort vorhandene Material nicht für einen größeren Planeten ausgereicht; für einen kleinen Mond hätte es bestenfalls genügt.

Was wir dagegen heute mit aller Genauigkeit und unumstritten wissen, ist etwas viel Aufregenderes: Wir wissen aufgrund sehr sorgfältiger Untersuchungen, daß die »Kohligen Chondrite« eine schier unglaubliche Menge verschiedenster organischer Verbindungen enthalten. Mit diesen Meteoriten kommen aus dem Weltraum zu uns Verbindungen, die wir auf der Erde als die typischen Kennzeichen von Leben ansehen.

Die ersten Befunde wirkten sensationell. Für uns, die wir bereits wissen, welche und wie viele organische Verbindungen in den Dunkelwolken und Kometen zu finden sind, klingen sie fast schon vertraut:

Paraffine – sie können vielleicht in einer Art Fischer-Tropsch-Synthese entstanden sein;
Wasser – kosmischen Ursprungs;
Kohlenwasserstoff-Ringverbindungen, zahlreiche;
ferner: Alkohole, Aldehyde, Fettsäuren und ähnliche Substanzen.

Erregend wurde es aber dann doch, als im Jahre 1961 zwei amerikanische Forscher in einem 1864 gefallenen »Kohligen Chondriten« Strukturen entdeckten, die sie vorsichtig »organisierte Elemente« nannten. Die winzigen Gebilde, offenbar zu Tausenden in diesen Meteoriten enthalten, zeigten sich in fünf deutlich zu unterscheidenden Formen. Waren das ehemals lebende Zellen gewesen? Die Meinungen prallten hart aufeinander.

Der erste Einwand ließ sich nur schwer aus der Welt schaffen, denn er hieß: Zugegeben, das können Reste von Lebewesen sein – aber wer will beweisen, daß sie von außerirdischen Lebewesen stammen? Es ist doch sehr gut möglich, daß diese »organisierten Elemente« in den mehr als 100 Jahren, die der Meteorit im Museum lag, mit irdischem Schmutz und Staub auf und in den Meteoriten gekommen sind. Aber die untersuchten Proben stammten aus einem sorgsam verwalteten Museum. Dann sind diese Lebewesen-Reste eben schon beim Auftreffen des Meteoriten auf den Erdboden in die Proben gekommen! Auch dieser Einwand erwies sich als nicht stichhaltig.

Der Streit, ob die »organisierten Elemente« von außerirdischem Leben im Sonnensystem künden, wird noch anhalten, doch vorerst ist die wissenschaftliche Diskussion darum von viel aufregenderen Nachrichten verdrängt worden: Mit Hilfe extrem verfeinerter Bestimmungsmethoden wurde in »Kohligen Chondriten« binnen weniger Jahre ein ganzer Katalog von überaus kompliziert gebauten Substanzen nachgewiesen, die wir ursprünglich nur von den Schaltstellen des Stoffwechsels kennen!

Wie konnten sie entstehen? Das ist die Frage, über die nun nachgedacht werden muß. Es sind in der Hauptsache zwei Konzepte, die erwogen werden, will man nicht biologisch-katalytische, also stoffwechselspezifische Prozesse in Betracht ziehen.

Biosynthesen im Kosmos?

Erstens ist da das bereits klassisch gewordene Miller-Konzept aus dem Jahre 1953 (siehe Seite 129). Die Grundidee, die sich in Tausenden von Versuchen bewährt hat, besagt: Es genügt, einigen einfachen Gasen wie Ammoniak, Wasserstoff, Methan und Wasserdampf Energie (elektrische Blitze, Strahlung) zuzuführen, und schon entstehen Spuren von biologischen Grundsubstanzen, wie Aminosäuren, aus denen im nächsten Schritt Eiweiß entstehen kann. Wichtig ist nur, daß in der Atmosphäre, in der das geschieht, eine große Menge Wasserstoff enthalten ist, daß ein »reduzierendes Medium« gegeben ist.

Das zweite Konzept wurde ab 1964 erprobt. Wenn man Wasserdampf bei hoher Temperatur über glühende Kohle leitet, so erhält man ein Gemisch aus Kohlenmonoxid (CO) und Wasserstoff,

$$C + H_2O \rightarrow CO + H_2,$$

das die Chemiker »Wassergas« getauft haben. Dieses Gasgemisch ist heute von breiter industrieller Bedeutung und die Basis der Benzinsynthese nach Franz Fischer (1877–1948) und Hans Tropsch (1889–1935) aus dem Jahre 1926. Diese beiden Forscher fanden, daß Eisen, Nickel und Kobalt (später kamen andere Katalysatormetalle hinzu) es erlauben, aus Wassergas schon bei normalem Druck Kohlenwasserstoffe, Benzine und Dieselöl zu gewinnen.

Warum sollte der »Fischer-Tropsch-Prozeß« nicht auch im Weltall als ganz natürliches Geschehen ablaufen können? Alles, was dazu benötigt wird, ist doch von der Natur in reichen Mengen vorgegeben. Man begann zu experimentieren. Es lag auf der Hand, daß die neuen Experimente weit naturgemäßer sein würden als die nach dem Miller-Konzept. Sie würden zwar nie den Reaktionsbedingungen im All, etwa in einer interstellaren Wolke oder einem Kometenschweif, entsprechen können, aber sie würden wenigstens etwas ähnlicher sein.

Es gab Physiker, die solche Experimente für Unsinn hielten – einfach weil sie sich nicht vorstellen konnten, daß ein industriell-technisches Verfahren zur Benzingewinnung plötzlich auch für die Chemie des Weltalls gelten sollte.

Und doch! Die erhaltenen Verbindungen, ja sogar ihre jeweiligen Mengenverhältnisse, stimmten mit den organischen Verbindungen aus den »Kohligen Chondriten« in einem ganz erstaunlichen Maße überein! Sagen wir es ruhig einmal vereinfachend: Ein großer Teil der kosmischen Chemie läuft nach dem Fischer-Tropsch-Verfahren ab. Was diese beiden deutschen Forscher erdacht und entwickelt haben, ist vermutlich seit Anbeginn unserer Welt in ihr das größte organisch-chemische Verfahren, das überhaupt denkbar ist. Das Weltall als Fischer-Tropsch-Fabrik? Und darauf beruht möglicherweise das Entstehen unseres Lebens? Es fällt uns schwer, solche Überlegungen sofort zu akzeptieren.

Doch daraus folgen rasch neue Gedanken und Resultate. Wenn im All Fischer-Tropsch-Prozesse ablaufen, wie ist es dann mit unserer Erde selbst bestellt? Sie ist doch auch nur ein Gebilde im kosmischen Reaktionsgeschehen! Tatsächlich, die meisten verdampfbaren Substanzen auf unserer Erdkruste kommen in fast den gleichen Verhältnissen vor wie in den »Kohligen Chondriten«. Und schon zeichnet sich die Möglichkeit ab, daß vielleicht das Erdöl unserer Erde nicht anders als durch eine Art Fischer-Tropsch-Prozeß entstanden ist. So seltsam es anmuten mag, bisher gibt es über die Herkunft des Erdöls nämlich mehr Theorien als gesichertes Wissen.

Wir stehen vor einer neuen Epoche unserer Erkenntnis, in der wir künftig unsere Erde vor allem als einen kosmischen Weltkörper sehen werden, in der die Geochemie deutlicher als zuvor zu einem Unterabschnitt der Chemie des Kosmos wird. Gottes Schöpfung ist eine Einheit, zu der die Erde eine winzige Kleinigkeit beisteuert.

6. Kapitel: Evolution der Arten

Wie ist das Leben auf der Erde entstanden? Mit einem Buch zu dieser Frage wurde der sowjetische Biochemiker Alexander Iwanowitsch Oparin (1894 – 1980) im Jahr 1936 berühmt. Der Kern seiner These war: Es hat ehedem auf der Erde Lösungen organisch-chemischer Verbindungen gegeben (eine »Ursuppe«, wie man später allgemein sagte), dazu eine Erdatmosphäre aus Methan und Ammoniak, und daraus entstanden über erste Lebensvorstufen sogenannte »Coacervate«, zellartige Lebensformen.

Gläubigen Menschen mußte eine solche chemisch-mechanistische Vorstellung damals unerträglich sein, doch Oparin, in einem atheistischen Staat lebend, konnte ungestört seine Ideen weiterverfolgen. Zeiten vergingen. Heute ist er weltweit als Begründer der Forschung nach dem Ursprung des Lebens anerkannt.

Oparin hatte bei allen seinen Überlegungen allerdings eine Schwierigkeit zu überwinden: Wie sollten alle die chemischen Stoffe entstanden sein, die er voraussetzen mußte? Wir wissen heute um die Zusammensetzung der Planetenatmosphären, der Dunkelwolken, der Kometen, der Meteorite, kennen die Chemie des Kosmos wesentlich besser, als es 1936 der Fall war, ja, wir haben auch den alteingeführten Aberglauben verloren, organische Verbindungen seien letztlich instabil. Und nun sitzen wir da und haben – wenigstens zur Zeit – viel mehr Substanzen, als überhaupt notwendig sind, um daraus die für das Werden von Tier und Pflanze minimal erforderlichen chemischen Verbindungen abzuleiten.

Zucker, Eiweiß, Cellulose und viele andere (heute) lebensnotwendige Stoffe lassen sich aus den im Kosmos gefundenen Verbindungen leicht aufbauen. Zu den »Coacervaten« Oparins sind die von dem Amerikaner S. W. Fox hergestellten kleinen Eiweißkügelchen gekommen, die bei Vorhandensein von Aminosäuren wachsen, dann »Knospen« bilden und neue Generationen ergeben. Niemand wird behaupten wollen, daß es sich bei ihnen bereits um künstliche Lebewesen handelt. Indessen, sie zeigen bereits eine Art Stoffwechsel: Sie entnehmen Stoffe aus ihrer Umgebung, »fressen« also. Sie scheiden auch Stoffe aus und haben also einen chemischen »Stoffwechsel«. Als Modelle für Urzellen können diese Eiweißkügelchen ohne allen Zweifel bereits gelten, denn sie besitzen auch elektrische Membran-Spannungspotentiale, zeigen Oszillationen, kurz: benehmen sich durchaus bio-chemisch, lebensähnlich.

Werden wir imstande sein, einst synthetische Lebewesen zu schaffen? Alles in uns sträubt sich gegen diese Vorstellung! Noch immer halten wir das Leben für ein für die Erde spezifisches Geschenk Gottes. Dabei können sich die Wissenschaftler noch nicht einmal darauf einigen, was »das Leben« eigentlich ist. Gewiß ist es mehr als ein geregelter Ablauf von chemischem Stoffwechsel, von Fressen und Gefressenwerden. Zumindest gehört doch dazu, wenigstens für höhere Lebensformen,

> die Fähigkeit, über Sinnesorgane Vorgänge in der Umwelt registrieren zu können,
> die Möglichkeit, Erfahrungen zu sammeln, also ein Gedächtnis, und damit wiederum verbunden
> die Lernfähigkeit.

Ein – wenn auch vielleicht sehr bescheidenes – Maß von Intelligenz ist doch letztlich ein typisches Kennzeichen des Lebens, gleichgültig, ob es sich um Pflanze, Tier oder Mensch handelt. Leider besitzen wir, was Tier und Pflanze angeht, erst geringe Kenntnisse über deren Gedächtnis und Lernfähigkeit; wir waren vorerst allzusehr damit beschäftigt, diese Fähigkeiten bei uns selbst zu untersuchen. Begriffe wie »Begabung«, »Wissen«, »Intelligenz« und »Bildung« werden von vielen im Alltag noch allzuoft nicht klar unterschieden.

Fragen wir danach, welches die einfachen Urformen des Lebens sein mögen, so fällt uns eine Antwort auch deshalb schwer, weil wir an das Vorurteil gewöhnt worden sind, »das Leben« sei »ein Wunder«, also von vornherein unerklärbar und unverständlich. Was man noch nicht verstehen kann, sieht gerne man als ein Wunder an. Das trifft sich dann so gut mit dem Glauben (und den Glaubenslehren), der Mensch sei »das höchste Lebewesen«, was »unter« ihm in der »Rangordnung« steht, ist kaum mehr als eine seelenlose »Sache«, dem »Besitz« des Menschen zugeordnet. Wer so anmaßend denkt (oder glaubt!), dem ist natürlich auch mit wissenschaftlichen Argumenten nicht zu helfen (er sollte dieses Buch raschestens beiseite legen).

Leben im Weltall

Es wäre erstaunlich, sollte es im Kosmos nicht sogar weiter entwickelte Lebensformen als den irdischen Menschen geben. Seit der Mitte der sechziger Jahre haben Wissenschaftler deshalb mehrfach versucht, Funksignale »kosmischer Intelligenzen«, also anderer »menschlicher« Bewohner des Weltalls, zu empfangen. Bisher waren alle solche Versuche vergeblich. Es verdient aber vermerkt zu werden, daß die 1967 erstmals radioastronomisch aufgefangenen signalähnlichen Strahlungen der Pulsare, Neutronensterne, zunächst unter dem Stichwort »Little Green Man« gelaufen sind. Es schien eben doch nicht sicher, ob die registrierten Wellenimpulse nicht doch von »Menschen« stammen konnten.

Nüchtern gesehen bleibt die Chance, einmal Kontakt zu »Außerirdischen« zu knüpfen, gleich Null. Wenn wir wirklich einmal eine Schwingungsfolge registrieren sollten, der möglicherweise ein Sinngehalt zugeordnet werden könnte, so wäre sie gewiß vor Hunderttausenden von Jahren ausgesandt, von einer Kultur, die den technisch-wissenschaftlichen Stand, den wir heute besitzen, längst weit hinter sich gelassen hat. Solche »Intelligenzen« hätten an uns »Primitiven« bestenfalls das Interesse, das wir für die ersten primitiven Menschenformen aufbringen. Für solche Leute wären wir gewiß keine interessanten Gesprächspartner mehr, eher so etwas wie eine »Urform des Lebens«.

Noch wilder sind alle Spekulationen über den »Besuch« anderer kosmischer Wesen auf der Erde. Entgegen allen Science-fiction-Stories müßten ja auch sie Jahrtausende unterwegs sein, das heißt, wir müßten bei ihnen eine völlig andere Lebensdauer, folglich auch einen gänzlich anderen Stoffwechsel und andere Lebensäußerungen als bei uns voraussetzen. Sie müßten von uns so gänzlich verschieden sein, daß wir sie vermutlich gar nicht als »Lebewesen« erkennen würden. Gewiß wird man Überlegungen darüber anstellen können, welche Charakteristika solches »Leben« haben kann, ob es vielleicht sehr langsam abläuft, mit minimalem Stoffwechsel, mit starren Formen, mit geringer Beweglichkeit usw. – aber sinnvoll scheint das nicht.

Indes wird gelegentlich doch eine Frage diskutiert, die eine Art interstellaren biologischen Geschehens berührt. Sie beruht auf dem Zweifel, ob das Leben, der Lebensbeginn, denn tatsächlich seinen Ausgangspunkt auf der Erde gehabt hat, wie zum Beispiel Oparin es angenommen hat. Der Frage lautet: Kann das Leben nicht durch Lebenskeime, etwa »Sporen«, auf die Erde eingeschleppt sein?

Diese Möglichkeit wurde schon sehr engagiert im Jahre 1908 von dem schwedischen Chemiker Svante Arrhenius (1859 – 1927) verfochten, einem Mann, der schließlich lange Jahre Direktor des Nobel-Institutes für Physikalische Chemie war. Arrhenius vertrat die Meinung, Leben sei allgegenwärtig, und auf der Erde habe es mit der Ankunft von »Lebenssporen« aus dem All begonnen. Diese Sporen, so postulierte er, könnten die Weltraumkälte und Luftleere unbegrenzte Zeit überdauern und würden von Stern zu Stern getragen. Das Leben würde sich somit im Kosmos nach der Art einer ansteckenden Krankheit verbreiten. Wie dem auch sei, seine Zeitgenossen waren von dieser Vorstellung wenig begeistert, und als die großen Strahlungsfelder im All entdeckt wurden, meinten sie sogleich, bereits energiereiche Ultraviolettstrahlung müsse solche »Sporen« doch gewiß töten.

Im Jahre 1980 aber begann man, diese Möglichkeit auf einer Tagung in den USA in abgeänderter Form erneut zu diskutieren. Wäre es nicht denkbar, daß sich in den Kometen des Sonnensystems die Grundstoffe der Lebensentstehung ebenso wie auf der Erde bilden könnten? Sollte es nicht möglich sein, daß so vorgefertigte Substanzen den Anstoß zur Lebensentstehung auf unserer Erde gegeben haben? Und man erinnerte sich: Hatte nicht auch der britische Nobelpreisträger für Chemie Sir Robert Robinson noch 1966 geäußert, das Leben auf der Erde stamme von Organismen, die älter sind, als es die Erde selbst ist? Hart prallten die Meinungen aufeinander. Argumente pro und contra ließen sich finden. Als schließlich gar die Theorie aufgestellt wurde, Leben könne vielleicht auch in den kosmischen Dunkelwolken existieren, Dunkelwolken seien möglicherweise von bakteriellen Organismen durchsetzt, da schien die Diskussion in das Gebiet der reinen Spekulation abzugleiten. Wie sollte es dann auch nur denkbar sein, daß solches Leben nicht sogleich von der energiereichen Strahlung des Kosmos zerstört würde? – Aber plötzlich war da ein ganz neuer Aspekt: Ja, was würde denn mit einer »lebenden« Zelle in einer Dunkelwolke geschehen? Ihre Oberfläche würde in eine Art Graphit umgewandelt, würde verkohlen. Und dann? Dann hätte sie eine Haut und wäre vor weiterem Zerfall geschützt! Rein rechnerisch wäre es dann sogar möglich, daß 10^{18} kosmisch lebensfähige Zellen in jedem Jahr die Erde erreichten!

Abwegige Vorstellungen? Zumindest revolutionär und ungewohnt. Schlimmer noch, wenn das Leben demgemäß überall und gesamtkosmisch verbreitet wäre, dann wäre der experimentellen Erforschung des Ursprungs des Lebens praktisch die Grundlage entzogen. Für unsere Vorstellung vom Leben als etwas Besonderem, einer höheren Existenz, wäre das zudem das Ende.

Wir stehen hier vor einer jener naturwissenschaftlichen Aussagen, die wir nicht mehr begreifen können, sondern in eine religiöse Aussage ummünzen müssen, um überhaupt mit ihr leben zu können.

Wo immer das Leben seinen Anfang genommen haben mag, ob seine Vorstufen von Meteoriten, Kometen oder aus fernen kosmischen Dunkelwolken eingeschleppt wurden oder ob es auf der Erde selbst entstand,

am warmen Strand eines Gewässers,
in der Tiefe des Roten Meeres,
am Boden der Galapagosinseln,
an einem Erdöltümpel oder
in der Vertiefung eines Lavaergusses

– diese und viele andere Möglichkeiten bestehen und sind diskutiert worden –, irgendwann begann jene Evolution, die zum Heute führt. Dabei werden die ersten Lebewesen nicht nur noch seltsamere Stoffwechsel und andersartige Vermehrungswege gehabt haben, als wir sie etwa von den Archä-Bakterien kennen, sie werden auch physikalisch widerstandsfähiger gewesen sein als unsere heutige lebende Umwelt.

Bis in unsere Zeit gibt es noch Organismen, die extremen Temperaturen, und solche, die hohen Drücken gewachsen sind. Da leben Fische, die bei –2 °C, also unter dem Gefrierpunkt des reinen Wassers, noch am Leben bleiben, Insektenlarven, die sogar noch –40 °C ertragen, und Algen, die sich in fast 100 °C heißen Quellen erst wohl fühlen. Aus der Tiefsee sind Organismen bekannt, die unter einem Druck von mehr als 300 Atmosphären existieren. Am Fuß der Galapagosinseln gedeihen in der Nähe vulkanischer Gasschlote im Dunkel riesige wurmartige rote Wesen in einer heißen, schwefelhaltigen Metallsalzlösung, die man für absolut lebensfeindlich angesehen hätte, hätte man von diesen Unterwasservulkanen überhaupt gewußt! Im Jahre 1983 erschien gar eine Mitteilung, in der es heißt, daß nun aus der Tiefe des Pazifiks zwei Arten von Bakterien geholt worden seien, die dort bei 265 Atmosphären Druck und 306 °C Temperatur leben. Diese Mikrolebewesen konnten bei entsprechenden Drücken und Temperaturen im Laboratorium gezüchtet und vermehrt werden. Was das heißt, läßt sich kaum übersehen. Machen wir uns nur einmal klar, daß diese seltsamen Organismen über Enzyme verfügen müssen, die bei solchen Temperaturen chemisch beständig und wirksam sind. Bakterien, die noch in fast gesättigten Kochsalzlösungen wachsen können, galten in dieser Hinsicht zuvor als extreme Ausnahmen.

Leben ist offensichtlich noch unter weitaus phantastischeren Umweltbedingungen möglich, als wir es uns bisher träumen ließen.

Neue Arten

Die frühesten Lebewesen auf der Erde waren zweifellos Pflanzen. Aus ihnen haben sich, zu einer Zeit, die wir noch nicht exakt angeben können, tierische Formen entwickelt, die zunächst ausschließlich im Wasser existierten, die sogenannten wirbellosen marinen Organismen. Ihre ältesten Versteinerungen sind rund 600 Millionen Jahre alt. Erste Tiere mit einer Wirbelsäule folgen etwa 100 Millionen Jahre später. Nach ihnen kamen vor ungefähr 420 Millionen Jahren, zusammen mit den ersten Landpflanzen, die frühen Fische. Aus ihnen leiten sich Reptilien ab, und endlich erscheinen die ersten Saurier vor rund 200 Millionen Jahren. Diese Saurier legten noch Eier. Dann traten die frühesten Säugetiere auf, eine Tiergruppe, deren Blütezeit vor etwa 60 Millionen Jahren begann.

Es ist, wenn man diese Zeitfolge überschaut, recht witzlos, an einer Stelle »den frühesten Vorfahren des Menschen« angeben zu wollen. Tatsächlich ist unser frühester Ahne eine Algenkultur oder eine gallertartige Masse. Wenn man die Zeit des Erscheinens des ersten »echten« Menschen angeben will, so muß man zuvor die Kriterien von Körperbau und Charakter als Maßstab setzen, und da ergeben sich sofort Schwierigkeiten, weil ja durchaus Meinungsunterschiede dazu bestehen, was denn das entscheidende Merkmal des Menschen sein soll. Ist es der aufrechte Gang, das Vorhandensein einer bestimmten Hirnmasse, die Verwendung von Feuer oder der sinnvolle Gebrauch von Werkzeugen? Ist der Mensch einfach als »das gefährlichste Raubtier« zu verstehen? Sind es seine Sitten, seine kultischen Handlungen, die ihm das Recht einräumen, sich »Mensch« zu nennen? Das mögen alles recht respektable Eigenschaften sein, aber gewiß doch nur aus unserer eigenen Sicht, auf jeden Fall sind sie oberflächlich und subjektiv.

Etwas objektiver wäre wohl eine Untersuchung des genetischen Codes der fraglichen Lebewesen, ob sie nun Mensch oder Noch-nicht-Mensch sind. Auch eine chemische Prüfung der typischen Eiweißarten oder eine Kontrolle auf das Vorhandensein anderer artspezifischer chemischer Naturstoffe wäre gewiß besser als nur der Vergleich von Form und Verhalten. Während wir bei heutigen Pflanzen und Tieren, ja selbst beim Menschen (»Blutbild« und chemische Prüfung bei Vaterschaftsprozessen), solche sogenannten chemotaxonomischen Untersuchungen leicht ausführen können, geht das leider nicht bei Millionen Jahre alten »menschlichen« Resten. Vorerst bleibt uns nur die Hoffnung, einst chemotaxonomische Untersuchungsverfahren so weit ausbauen zu können, daß bei zweifelhaften »Urmenschen-Funden« neben die Angaben über Form, Größe und mutmaßliche Intelligenz ein chemisches Gutachten gestellt werden kann.

Wenn nun also die Chemie auch noch nicht helfen kann zu entscheiden, ob ein zwei oder drei Millionen Jahre alter Knochenrest mehr äffisch oder eher schon menschlich ist, so kann sie aber doch bereits etwas leisten, was vielleicht sogar noch viel erstaunlicher ist: Sie kann dazu beitragen zu sagen, wie weit uns ein heute lebendes Wesen verwandt ist!

Da gibt es zum Beispiel das antibakteriell wirksame Eiweiß Lysozym sowohl beim Menschen wie bei den Pavianen, also einer Affenart. Dieses Eiweiß besteht aus exakt 131 Aminosäure-Bausteinen. Vergleicht man das Lysozym des Menschen mit dem des Pavians, so gibt es im Aufbau an 14 Stellen Unterschiede, was bedeutet, daß in diesem Fall ungefähr sieben Aminosäuren-Austausche während der Evolution stattgefunden haben müssen. Zwischen dem Lysozym von Mensch und Ente gibt es dagegen 53 Aminosäuren-Unterschiede, und das bezeugt also sehr deutlich, daß der gemeinsame Ahne von Mensch und Ente sehr viel weiter zurückliegt als von Mensch und Pavian. Es ist von der Wissenschaft zu diesem Thema bereits ein ungeheures Material zusammengetragen worden, und wir wollen hier einmal einen der chemischen Abstammungsbäume etwas näher betrachten.

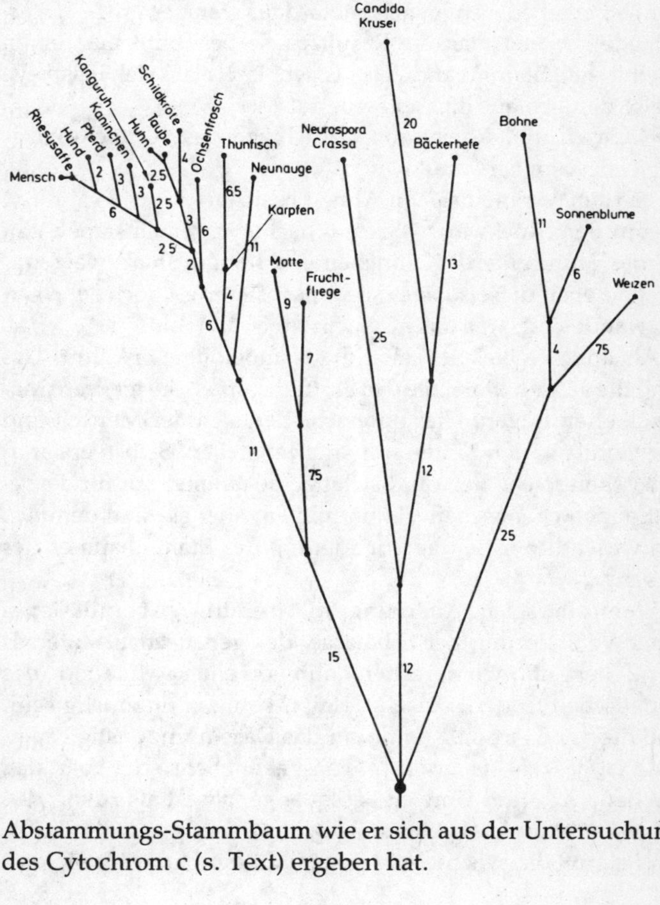

Abstammungs-Stammbaum wie er sich aus der Untersuchung des Cytochrom c (s. Text) ergeben hat.

Nehmen wir das in der Natur weitverbreitete Enzym »Cytochrom c«. Es läßt sich aus der Bäckerhefe wie der Klapperschlange isolieren, findet sich in der Pekingente und im Nilpferd, selbstverständlich auch im Menschen, kurz: in einer Unzahl der verschiedenartigsten heutigen Lebewesen. Es besteht aus einer Eiweißkette, die etwa 110 Aminosäuren enthält. Ermittelt man nun bei jedem Lebewesen die Reihenfolge der Aminosäuren und vergleicht die typischen Gruppenbildungen, so ergeben sich jeweils mehr oder weniger große Unterschiede. Ordnet man die Resultate, so bekommt man einen chemischen Stammbaum. Das Ergebnis: Es läßt sich beispielsweise deutlich aus ihm ablesen, daß

- ○ Mensch und Rhesusaffe hinsichtlich des »Cytochrom c« recht nahe verwandt sind,
- ○ sie einen gemeinsamen Ahnen besitzen,
- ○ auf dem Rückwärtsweg zum nächsten gemeinsamen Ahnen Hund, Pferd, Kaninchen und Känguruh abzweigen
- ○ und eben diese so verschiedenen Tierarten doch sehr verwandt sind, was das »Cytochrom c« angeht.

Als anderes Beispiel seien die Hämoglobine erwähnt. Das sind die großen Moleküle des Blutfarbstoffes, die mehrere Molekülketten tragen: Hier unterscheiden sich der Mensch und der Gorilla in den Ketten nur an zwei Stellen! Selbstverständlich gelten solche Verwandtschaftsgrade immer nur für die betreffenden chemischen Verbindungen, aber sie sind dennoch ein wesentlicher Beitrag zur Klärung des Stammbaumes des Lebens.

Wenn eine solche Änderung erblich eintritt, so beruht sie auf einer Veränderung der Erbmasse, des genetischen Materials der Zellen, und wir sprechen dann von einer »Mutation« des genetischen Codes. Diese Mutation kann so ungünstig sein, daß die neue Art im Kampf um das Dasein ungünstig beeinflußt ist, ja, daß sie ausstirbt. Es ist aber ebenso denkbar, daß die neue Art ihrer Umwelt besser angepaßt ist als zuvor, daß sie aufblüht und Lebensraum gewinnt.

Wie groß die Wechselwirkungen mit der Umwelt sein können, hat sich in den Malariagebieten unserer Erde gezeigt. Dort tritt die Sichelzellenkrankheit, eine gefährliche Veränderung der rundlichen roten Blutzellen zu einer sichelförmigen Gestalt, mit Häufigkeiten bis zu 40 Prozent auf. Die gekrümmten Blutzellen zerbrechen leicht in den feinsten Blutgefäßen, den Kapillaren, und der von der Sichelzellenkrankheit Befallene stirbt an Blutarmut (Anämie), weshalb man die Erkrankung die »Sichelzellenanämie« nennt. Die Ursache dieser Krankheit ist eine an sich winzige chemische Veränderung der Erbmasse. Nun kommt aber das Erstaunliche: Die Erreger der Malaria können in die Sichelzellen viel schwerer eindringen als in normale rote Blutzellen. Kranke, die an Sichelzellenanämie leiden, sind damit in gewissen Grenzen gegen Malaria geschützt. Die Bedrohung durch den Malariaerreger hat in diesem Fall die Annahme einer Mutation begünstigt, die andererseits selbst eine tödliche Krankheit auslöst. Krankheit gegen Krankheit – ein seltsames Geschehen auf dem Wege zum Tode.

Der Kampf gegen Krankheiten

Wenn es eines Tages so weit kommt, daß die künstliche Veränderung der Erbmasse, das vieldiskutierte »Genetical Engineering«, zu einer nützlichen Wissenschaft wird, dann wird es vielleicht auch möglich werden, die Sichelzellenanämie zu heilen. Wie gesagt, es geht nur um eine geringe chemische Veränderung, um zwei winzige chemische Gruppen. Heilmittel gegen Erbkrankheiten? Ach, da fehlen uns doch noch so viele andere Heilmittel. Dringender ist der Kampf gegen die vielen Arten von Krebs, gegen Schäden des Immunsystems, gegen Nervenerkrankungen, gegen Parasiten, gegen Viren, gegen das Altern der Organe des Körpers usw.

Wir haben nicht, wie oft von Unwissenden lautstark verkündet wird, zu viele Heilmittel in unseren Apotheken, sondern viel zu wenige! Die Zahl der Krankheiten, die wir noch nicht oder nur unzureichend bekämpfen können, ist noch bedeutend größer als unser gesamter Heilmittelschatz. Die Chemie kennt noch keine Formel dafür, wie ein Heilmittel gezielt gemacht werden kann, sondern muß immer wieder hoffen, durch langwieriges Probieren unter Zehntausenden von Stoffen auf einen als ein Heilmittel brauchbaren Stoff zu treffen.

Der menschliche Körper selbst ist ja auch noch keineswegs erforscht! Da heißt es zwar, bereits im Jahre 2578 v. Chr. habe der Chinese Rai-Ko den Standardgriff des modernen Arztes zum Puls des Patienten gewissermaßen »erfunden« und eine Theorie zur Beobachtung des Pulsschlages verfaßt, um 2450 v. Chr. habe es in Ägypten schon ein Chirurgie-Handbuch gegeben und die Ärzte hätten sich bereits fachlich gegliedert in Chirurgen, Ärzte für innere Medizin, für Verdauung, Zahnärzte und Augenärzte. Letztlich besagt das aber wenig. Es dürfte zu dem »Wissen« jener Zeit manche Scharlatanerie gehört haben. Im »hohen Norden« stand es um die Medizin sogar noch viel schlechter. Erinnern wir uns: Im Jahre 930 nach Christus wurden bei uns noch die Merseburger Zaubersprüche zur medizinischen Anwendung aufgezeichnet!

Unsere heutige Medizin, die Verwendung von definierten Heilmitteln gegen klar erkannte Krankheiten, beginnt erst um die Zeit von Paracelsus. Dieser nicht unumstrittene Mann hieß mit vollem Namen Philippus Theophrastus Bombastus von Hohenheim (1493–1541). Er nannte sich nur »Paracelsus«, was bedeuten sollte, daß er sich als einen Nachfolger des römischen Arztes Celsus (45 v. Chr. – 50 n. Chr.) ansah. Als Stadtarzt in Basel hat er sich einen großen Namen gemacht. Paracelsus war der Sohn eines Professors an einer Bergakademie. Vielleicht liegt hier die Ursache dafür, daß er nicht nur Arzneien aus Pflanzen gab, sondern auch giftige Arsen-, Quecksilber- und Antimonverbindungen anwandte. Von alten griechischen, römischen und arabischen Vorstellungen beeinflußt, steht dieser eitle, zänkische, noch weitgehend von der Alchimie und Astrologie beeinflußte Mann dennoch an der Schwelle zur heutigen Medizin. Weil er seine Vorlesungen nicht in Latein, sondern in deutscher Sprache hielt, hat man ihn 1528 in Basel hinausgeworfen. Noch nicht 50 Jahre alt, starb Paracelsus nach einem Sturz in berauschtem Zustand.

Aber was wußte man denn damals schon vom Menschen? Es mag unglaublich klingen und ist dennoch wahr: Erst im Jahre 1628 – damals tobte in Mitteleuropa der Dreißigjährige Krieg! – wurde von dem englischen Mediziner William Harvey (1578 – 1657) der Blutkreislauf entdeckt! Dieses uns heute primitiv anmutende Faktum ist erst 1661, vier Jahre nach dem Tod des Entdeckers, allgemein anerkannt worden.

Es ließen sich nun viele bedeutende Mediziner aufzählen, die den einen oder anderen großen Fortschritt erzielen konnten, etwa der ungarische Arzt Ignaz Philipp Semmelweis (1818 – 1865), der das Kindbettfieber besiegte und die Grundlagen der antiseptischen Methoden einführte; aber der erste Mann, der ein Konzept zur Wirkung von Arzneimitteln schuf und somit das Fundament für die Arzneimittelforschung legte, war der aus Schlesien stammende Bakteriologe Paul Ehrlich (1854 – 1915). Er kombinierte von seinem Studium her die Medizin mit der Biologie und der Chemie. Als ein sehr geschickter Experimentator arbeitete er zuerst über die gezielte Färbung von Bakterien, um diese von Gewebezellen unterscheidbar zu machen. Als ihm das bei dem Tuberkulosebazillus gelang, war das ein außerordentlicher Erfolg. Dann kam ihm der Gedanke: Ist es möglich, einen Farbstoff zu finden, der Bakterien nicht nur selektiv färbt, sondern sie so stark färbt, daß sie dadurch abgetötet werden, während das übrige Gewebe am Leben bleibt? Anders gesagt: Kann man im lebenden Zellgewebe die Bakterienzellen totfärben? Sein berühmtestes Präparat, das aus diesem Konzept erwuchs, war das 1910 entwickelte »Salvarsan« gegen die Syphilis. 1908 hatte man ihm bereits für seine Arbeiten zur Serumtherapie den Nobelpreis für Medizin verliehen (gemeinsam mit dem russischen Bakteriologen Ilja Iljitsch Metschnikow [1845 – 1916], von dem die These stammt, der Mensch könne 150 Jahre alt werden).

Paul Ehrlich hat die Grundlagen für die jahrzehntelange

Vormachtstellung der deutschen pharmazeutischen Industrie gelegt, und das – trotz wachsender Kritik auch heute noch weitgehend vorhandene – Vertrauen, man brauche nur »die richtige Tablette«, beruht auf der Arbeit dieses einzigartigen Gelehrten. Heute investiert diese Industrie immer noch Jahr um Jahr Milliarden in die Pharmaforschung.

Die nächsten Schritte zum gegenwärtigen Stand der Chemotherapie taten dann in unseren Tagen der deutsche Biochemiker Gerhard Domagk (1895–1964) mit der Entdeckung der Sulfonamide im Jahre 1932 und der schottische Bakteriologe Sir Alexander Fleming (1881 – 1955), der mit dem Penicillin das Antibiotika-Zeitalter eröffnete.

Tausende von unterschiedlichen Chemikalien müssen erst an Mäusen und Ratten, dann an Kaninchen, Katzen und Hunden erprobt werden. Dann kommt in der klinischen Prüfung der Mensch. Und dennoch, ob ein so erprobtes Heilmittel nicht doch Nebenwirkungen beinhaltet, ob es chronische Schäden setzen kann, ob es auch bei wiederholter Anwendung wirksam bleibt, ob es Langzeitfolgen entwickeln kann, diese und viele ähnliche Fragen stellen sich unvermeidlich immer wieder neu, denn »den Menschen« gibt es nicht. Jeder Mensch ist ein einmaliges Individuum, das es vorher nie gab und nie wieder in der exakt gleichen Art geben wird. Selbst dieser eine Einzelmensch kann mit steigendem Lebensalter unterschiedlich auf ein Medikament reagieren. Kind, Erwachsener oder Greis, nicht nur das Aussehen, die Fähigkeiten und der Charakter ändern sich gleitend, sondern auch Ernährung, Stoffwechsel, der Bestand an Hormonen, Farbstoffen (Haut und Haar beispielsweise) und Wuchsstoffen. Das Vermögen der Regenerierung des Zellgewebes, die Knochenstruktur, die Produktion von Sexuallockstoffen, alles das verändert sich so sehr, daß man bei einer Einzelperson nie von »diesem Menschen«, sondern nur von seiner gegenwärtigen Persönlichkeit reden sollte.

Weswegen es auch zweifelhaft ist, ob man einen Menschen für ein Vergehen 20 oder mehr Jahre mit Haft bestrafen darf; nach 15 oder 20 Jahren kann der Häftling eine andere Persönlichkeit sein, die nun für eine Straftat leidet, mit der sie wenig oder gar nichts mehr zu tun hat.

Der Mensch wird aussterben

Da der Mensch noch ein Neuling im Naturgeschehen ist, gewissermaßen immer noch eine frühe Entwicklungsform darstellt, sollte man es ihm nachsehen, wenn er bei der Beurteilung seiner Umwelt noch recht einfache Maßstäbe anlegt, wie etwa »gut« und »schlecht«, »moralisch« und »unmoralisch«. Sie entspringen allein seinem eigenen Nützlichkeitsprinzip.

Angeboren ist dem Menschen die Herdenbildung. Er lebt in Gruppen, die nach Sprache, Dialekt, sozialer Stellung, beruflicher Tätigkeit, Konfession oder Interessen unterschieden sind, und verteidigt sich in diesen Gruppen gegenüber anderen. Dabei benutzt er das gegliederte Leithammelprinzip, und es ist gewiß kein Zufall, daß es beispielsweise bei Abstimmungen im westdeutschen Bundestag noch einen sogenannten »Hammelsprung« gibt. Es werden Parteien gebildet, mit Vorständen, von denen höhergestellte Abgeordnete gewählt werden, die wiederum Minister berufen, und endlich steht oben der Staatschef. Die oberen Ränge dieser Hierarchie beanspruchen heute noch Vorrechte, die ehedem dem Adel oder einem Monarchen zustanden. Die Primitivität dieses weltweit verbreiteten Leittiersystems zeigt sich bei jeder demokratischen Wahl: Nicht das Parteiprogramm wird auf Wahlplakaten gezeigt, sondern die Figur oder wenigstens das Gesicht (verschönt durch niedliche Retuschen) der jeweiligen Führerpersönlichkeit. Tatsächlich wird denn auch überall noch »der Mann« gewählt, selten seine Herde. Wie weit ähnliches für Wolfsrudel, Ameisenstaaten oder Bienenvölker gilt, untersuchen die Verhaltensforscher. Erst wenn Wissen, Weisheit und Können objektiv naturwissenschaftlich meßbar werden, mag sich dieses uralte Prinzip verbessern lassen.

Ein weiteres Kennzeichen des Menschen ist wohl seine Neigung zu lautstarker Betätigung. Die harmloseren Formen dürften noch der Chorgesang zu kultischen Zwecken, aus nationalem Anlaß oder einfach als Zeitvertreib sein. Bedenklicher wird das Geschrei bei politischen Versammlungen oder gar das Toben in Fußballstadien. Fatal ist die kriegerische Lärmerzeugung. Die Verwendung von Feuerwaffen, Bomben etc. würde gewiß sinken, wenn sie nicht mit berauschend-ermutigendem Geknall verbunden wäre.

Die Revierkennzeichnung, aus dem Tierreich gut bekannt, ist beim Menschen unverkennbar. Zwar setzt er keine Duftmarken, aber Grenzpfähle, Schranken, Zäune und dergleichen verraten seine Veranlagung. Einher damit geht sein Streben, Vorräte anzulegen und Besitz zu sammeln. Über die Stufe des Sammlers (neuerdings ausgeprägt als Hobby) und Jägers ist er generell noch nicht allzuweit fortgeschritten.

Die primitive Form des Tauschhandels beobachtet man nicht nur bei Kindern, sondern auch heute noch bei Staaten; der Warenhandel gegen Eisen- oder Bronzebarren, Kupfer- oder Messingspangen setzte sich bis in unsere Zeit in der Form der Silber- oder Goldstücke fort, die man wohl zu Recht als Tauschgegenstände ansehen darf. (Im Jahre 1871 war das 20-Pfennig-Stück noch Silber, 1896 noch das 50-Pfennig-Stück, 1925 noch das Markstück, 1951 nur noch das 5-Mark-Stück, bis auch dieses durch wertloses Metall ersetzt wurde.) Erst das Papiergeld, das die Inflationsmöglichkeit einschloß, hat hier einen Wandel geschaffen.

Die primitive bildhafte Informationsaufnahme, wie sie dem Tierreich entspricht, spielt beim Menschen bis heute eine wichtige Rolle. Weite Kreise ziehen das Bild (Illustrierte, Fernsehen) noch heute jeder anderen Informationsart vor.

Als Gesamtorganismus ist der Mensch ein wenig stabiles Lebewesen, andere Lebensformen sind wesentlich widerstandsfähiger. Dennoch sieht er sich gerne als das zentrale Lebewesen schlechthin. Ob das vielleicht auch andere tierische Wesen von sich meinen, bleibt vorerst dahingestellt. In der Natur ist der Mensch eigentlich nicht besonders »auffällig«. Würde er heute als ein neues Geschöpf auf der Erde erscheinen, so würde ihn seine Umwelt gewiß als ein durchaus angepaßtes, akzeptables Mitlebewesen annehmen, wenn auch kritisch, da er ein aggressiver Mitbewerber um Lebensraum ist. Der Daseinskampf aller gegen alle ist »natürlich«, ist normal. Seit Ewigkeiten haben Tiere und Pflanzen gegeneinander gekämpft, haben versucht, sich aus Revieren zu vertreiben. Die Lebenskette konnte nur so fortgesetzt werden, und neue Arten konnten sich nur durchsetzen, indem sie Mitbewerber ausschalteten. Das hervorstechende Merkmal aller Natur ist ihre Brutalität beim Versuch zu überleben. Der Mensch ist also auch hier normal und keine Ausnahme.

Wie lange wird der Mensch in dieser Situation überleben? Darauf eine Antwort zu finden scheint fast unmöglich. Alles in allem gesehen, ist der Mensch im Daseinskampf gewiß kein Ausnahmewesen. Also wird er ohne Zweifel einst das gleiche Schicksal erleiden wie andere Lebewesen auch, er wird aussterben. Das Verlöschen einer Art ist naturgesetzlich, zu unserer Zeit sterben Arten aus, und aus der Erdgeschichte wissen wir, daß bereits Tausende von Pflanzen- und Tierarten ausgestorben sind.

So gibt es Beispiele dafür, wie Tiere, die zu ihrer Zeit so mächtig waren, wie es heute der Mensch ist, ausstarben. Nehmen wir den Höhlenbär: Er lebte vor geologisch erst sehr kurzer Zeit, tatsächlich war er Zeitgenosse des Neandertalers. Ohne Zweifel hat dieser frühe Mensch bereits Höhlenbären gejagt und getötet. Viele Funde bezeugen, daß dieser Urmensch die Knochen und Schädel des Höhlenbären gesammelt und aufbewahrt hat. Zunächst war daher der Gedanke naheliegend, die Urmenschen der letzten Eiszeit hätten den Höhlenbären ausgerottet. Die Zahl der Menschen und ihre Waffentechnik sind indessen zu gering gewesen, um das tatsächlich leisten zu können.

Warum also starb der Höhlenbär, das größte Raubtier des eiszeitlichen Europas, wirklich aus? Wir können es in wenigen Sätzen zusammenfassen: Er hatte stets ausreichende Nahrung, er beherrschte seine Umwelt, es ging ihm gut, zu gut, und somit fand bald keine natürliche Auslese mehr statt. Er existierte sogar trotz etlicher heute noch an den Skeletten nachweisbarer Krankheiten. Aber seine Jungen waren weniger und weniger wiederstandsfähig. Ja, viele Zeichen deuten darauf hin, daß die Bärinnen endlich Früh- und Fehlgeburten hatten. Die an Funden zu belegende Geschichte des Höhlenbären zeigt: Er ging an Degeneration zugrunde. Er verschwand, weil die sonst so grausame Natur ihm den Daseinskampf ersparte.

Der Höhlenbär ist in ähnlicher Weise Herr seiner Welt gewesen, wie wir es heute sind. Dürfen wir für uns also ein gleiches Schicksal erwarten? Wenig spricht dagegen.

Wer wird der Nachfolger des Menschen sein? Wenn wir die Entwicklungsgeschichte der Menschheit betrachten, beim sogenannten »Proconsul« beginnend, von dem auch Gibbon, Orang-Utan, Schimpanse und Gorilla abstammen, also ungefähr 20 oder 25 Millionen Jahre zurückgehen, so zeigt sich, daß sich während dieser Zeit etliche menschliche Entwicklungslinien bereits »totgelaufen« haben (zum Beispiel der Oreopithecus). Es ist also gar nicht sicher, daß wir einst einen »Nachfolger« haben werden. Vielleicht stirbt der Mensch einst ebenso sang- und klanglos aus, wie der Höhlenbär von der Erde verschwunden ist. Die Annahme, daß uns ein Supermensch folgt, wie es uns die Zukunftsgeschichten gerne andeuten, ein menschliches Wesen, welches sich gar den Weltraum untertan macht, ist reine Phantasterei. Eher wird uns ein anderes Tier oder gar ein Lebewesen, welches wir noch gar nicht recht kennen, folgen.

Stirbt der Mensch nicht durch Degeneration oder ein geologisches Ereignis aus, so mag er – vielleicht – das Opfer einer Krankheitsepidemie werden. Wir vertrauen zwar gerne dem Wissen unserer Mediziner und den Erfolgen pharmazeutischer Forschung, aber in Sicherheit dürfen wir uns deshalb nicht wiegen. Die Tatsache, daß wir seit einigen Jahrzehnten von großen Epidemien verschont geblieben sind, daß Pest, Cholera und andere Seuchen, an denen einst ganze Länder ausstarben, uns wie ein Gerücht aus finsteren Zeiten dunklen Mittelalters vorkommen, beweist nichts. Wir wissen ja nicht einmal, warum diese Krankheiten damals »erloschen« sind. Eine neue Krankheit kann uns jederzeit überfallen. Oder sind gar die Krebskrankheiten, vielleicht auch der Herzinfarkt, die neuen Epidemien? Könnte es nicht eine Virenerkrankung sein, die unser Ende bedeutet?

Auf der Suche nach dem Homunkulus

Das Denkmal steht mitten auf einem verkehrsreichen Platz nahe dem Hafen der Stadt Palma auf Mallorca. Die Inschrift besagt, daß die Bürger es dem Andenken an Ramon Llul gewidmet haben. Wer war das? Der vorbeieilende Tourist sieht eine überlebensgroße Statue, bronzegrün, ein Mann in mönchischer Kutte, mit einem Strick gegürtet, darüber ein weiter Umhang, ein Bart wallt bis tief auf die Brust herab, ein breit aufgeschlagenes Buch hält die ausgestreckte linke Hand. Ein Gelehrter? Ein Heiliger? Ramon Llul, der Wissenschaft unter dem Namen Raymundus Lullus bekannt, war beides, ja er war noch mehr, Missionar und Troubadour, Mystiker und Forscher, Weltreisender und Alchimist, vor allem aber ein spanischer Edelmann.

Raymundus Lullus ist in Mallorca geboren, wann, wissen wir nicht genau, als sein Geburtsjahr gilt 1235. Begraben wurde er hochbetagt 1315 in der Klosterkirche von San Francisco in Palma, sein alabasternes Grabmal kann der Tourist dort aufsuchen. Der Lebenslauf dieses Mannes war erstaunlich: Lullus diente im Heer Jacobs I. von Aragonien, studierte bei den Mönchen von Montserrat, zu St. Jago de Compostella, in Montpellier und 1281 in Paris. Als Franziskaner stritt er für die Heiligkeit und Wahrheiten seiner Kirche, reiste nach Zypern, Palästina und Armenien, predigte 1306 in Afrika, wurde dort gefangengesetzt, später freigelassen, aber nur, um 1315 erneut nach Algier und Tunis zu gehen, wo er angeblich sogar gesteinigt wurde – was er aber offenbar noch kurzzeitig überlebt hat.

Auf dem Gebiet der Naturwissenschaften hat Lullus für seine Zeit gut fundierte Kenntnisse der Chemie gehabt, gleichzeitig sich aber als Alchimist einen großen Namen gemacht. Man sagte ihm nach, er sei im Besitz des »Steines der Weisen« gewesen, habe die Kunst der Metallverwandlung beherrscht und Gold machen können. »Das Meer wollte ich in Gold verwandeln, wenn es Quecksilber wäre!« – dieses Wort wird ihm zugeschrieben, doch der größte Teil der etwa 500 Schriften, die seinen Namen tragen, dürften Fälschungen sein, ihm nach seinem Tode untergeschoben, wie es zu jener Zeit nicht unüblich war. Dennoch, sehen wir uns »sein« Rezept einmal an:

»Nun wollen wir zur Projektion schreiten. Nimm von dieser köstlichen Medizin ein Stückchen, so groß als eine Bohne. – Wirf es auf tausend Unzen Quecksilber, die dann in ein rotes Pulver verwandelt werden. – Davon wieder eine Unze auf tausend Unzen Quecksilber geworfen, so wird alles zu Medizin. – Derselben eine Unze wirf auf tausend Unzen neues Quecksilber, so wird es ebenfalls zur Medizin. – Von dieser letzteren Medizin wirf nochmals eine Unze auf tausend Unzen Quecksilber, so wird es ganz in Gold verwandelt, welches besser ist als Gold aus den Bergwerken.«

Lullus meint, solche alchimistische Kunst sei eine Gnade, nicht lernbar und nicht lehrbar, man müsse zu ihr berufen sein.

Kein Zweifel, nach unseren heutigen Kenntnissen ist die alchimistische Metallumwandlung gänzlich unmöglich, was auch immer mit dem Wort »Medizin« gemeint gewesen ist. Der Ausdruck »Medizin« war zur Zeit des Lullus weit verbreitet. Wir kennen eine Erklärung dafür, die besagt, daß man die »Medizin«, das große »Arcanum«, aus dem »Stein der Weisen«, »durch eine wiederholte und vorsichtige Präparierung erhalten« könne, doch viel mehr deuten auch andere Alchimisten nicht an. Warum man sich so unklar ausdrückte, steht bei einem anderen Alchimisten zu lesen, dem Araber Geber, (Dschabir ibn Haijan), von dem wir nichts als eine Anzahl

Schriften kennen: »Wenn wir nun unsere Lehre verhüllt vorgetragen haben, so möge sich der Jünger der Wissenschaft darüber nicht wundern. Denn nicht für ihn haben wir die Lehre verhüllt, sondern für die Schlechten und Unredlichen.« Für die Alchimisten war das in Wahrheit wohl mehr eine Ausrede oder Selbsttäuschung, für unsere Zeit ist es vielleicht ein guter Ratschlag, um Politiker, Terroristen oder Militärs am Mißbrauch von Forschungsergebnissen hindern zu können.

Der »Stein der Weisen« sollte aber nicht nur Metalle verwandeln können, ewige Jugend und ewiges Leben schenken, er sollte es auch möglich machen, einen künstlichen Menschen, den Homunkulus, in der Retorte herzustellen. Ein künstlicher Mensch? Für uns unvorstellbar – wir wären froh, so etwas wie eine künstliche stoffwechselnde Zelle einmal zu erzeugen. Wie konnte man als Alchimist überhaupt davon träumen, ein so unerreichbares Ziel wie den Homunkulus zu erhalten? Einerseits vielleicht, weil man noch nicht ahnte, wie kompliziert ein lebender Organismus ist, andererseits, weil man in der Begeisterung über seine alchimistischen Beobachtungen weit über jedes mögliche Ziel hinausschoß? Doch da sind auch gewiß – bewußt oder unbewußt – religiöse Vorstellungen mit im Spiel gewesen. Hatte nicht Gott erst die tote, dann die lebende Welt geschaffen und am sechsten Schöpfungstage endlich den Menschen? Wenn es also gelingen konnte, die Stoffe zu verwandeln, wieso sollte dann nicht auch ein Mensch geschaffen werden können? Damit würde der Alchimist das höchste Ziel erreichen, er würde in seiner Fähigkeit Gott gleich werden. Das mag sehr verwegen klingen, aber träumen wir nicht ähnlich, wenn wir von der Aufgabe fasziniert sind, komplizierte Automaten, Roboter zu bauen, wenn wir an Frankenstein-Monster denken, wenn wir Herztransplantationen vornehmen und um ein noch brauchbares Herz einen fast toten oder doch todgeweihten Körper legen? Gehen wir nicht sogar bereits mit dem Gedanken um, durch Manipulationen der Gene gar einen »besseren« Menschen zu schaffen?

Wir sprachen bereits davon, aber was ist das eigentlich? Will man diesen USA-Slang übersetzen, am besten mit »Erbmaterial-Schlosserei«, oder »genetisches Ingenieurwesen«, wenn man etwas vornehmer sein möchte. Bekanntlich glauben wir es als gesichert ansehen zu dürfen, daß alle Eigenschaften, die vererbt werden, im sogenannten genetischen Code festgelegt sind – obgleich die experimentellen Untersuchungen bisher nur einfache Kleinorganismen betreffen.

Der genetische Code ist, chemisch gesehen, eine ungeheuer lange Aneinanderreihung von bestimmten Zuckermolekülen, die durch Phosphatbrücken verknüpft sind. Seitlich stehen an diesem Makromolekül vier Sorten »Basen«, stickstoffhaltige ringförmige Moleküle. Wenn wir uns dieses Molekülgebilde vorstellen wollen, dann etwa als einen knapp zwei Millimeter dicken rauhen Faden von gut drei Meter Länge. Schraubenförmig umeinandergewickelt geben zwei dieser Moleküle die berühmte »Doppelhelix«. Diese Molekülordnung, so glauben wir heute, bestimmt, ob wir blaue oder braune Augen haben, blonde oder schwarze Haare, ob wir lange Beine zum Hochsprung besitzen oder im Alter mit einem reichlichen Fettpolster behaftet sein werden, ja ob wir zu Wutanfällen neigen oder nicht, kurz: Körperbau, geistige Fähigkeiten, Charakter und deren gegenseitiges Wechselspiel sind im genetischen Code festgelegt. Nun ist so ein riesenlanges Molekül viel instabiler als ein kurzes, es kann zum Beispiel aus natürlicher Ursache chemisch beschädigt oder zerstört, es kann von energiereicher Strahlung getroffen und verändert werden. Jedesmal, wenn das geschieht, ändert sich die Erbmasse des betroffenen Individuums; es entsteht eine besonders lebenstüchtige oder auch eine minderbegabte Lebensform – jedenfalls eine neue Art.

Es liegt auf der Hand, daß mit den Hilfsmitteln der heutigen Wissenschaft solche Änderungen der Erbmasse von uns auch künstlich vorgenommen werden können. Die erhoffte Kunst des »Genetical Engineering« liegt darin, solche Änderungen ganz gezielt erreichen zu können. Da wäre dann etwa die Möglichkeit gegeben, Erbkrankheiten zu überwinden, wie etwa die Bluterkrankheit. Theoretisch ist es dazu nur notwendig, ein winziges Stück aus dem Riesenmolekül »genetischer Code« herauszulösen und durch ein »normales« Ersatzteil wieder zu schließen. Doch wie es aussieht, sind wir noch weit davon entfernt, so ein Kunststück ausführen zu können. Wir betreten hier Neuland, wie sehr es da zu Überraschungen kommen kann, hat sich aber bereits gezeigt.

Es galt als gesichertes Wissen, daß die einzelnen Erbinformationen, die das genetische Programm, die Erbmasse, darstellen, jeweils auf eine bestimmte Art von Lebewesen begrenzt sind. Grob gesagt: Ein Hund bleibt bei einer Kreuzung Hund, anders ist eine Vermehrung und Arterhaltung nicht möglich. Die Beobachtungen schienen das zu beweisen. Wenn es anders wäre, dann könnte es auf der Erde ja auch längst keine unterschiedlichen Tiere, Pflanzen und Mikroorganismen mehr geben. Könnte alles wild durcheinander gekreuzt werden, würde es längst nur noch »das Einheitslebewesen« geben. In den fünfziger Jahren zeigte es sich, daß diese Annahme zumindest nicht allgemeingültig ist: Bakterien besitzen nicht nur Sexualität, sondern treten über sogenannte »Geschlechtsfaktoren« miteinander in Beziehung, und eben einige dieser »Geschlechtsfaktoren« können unter Bakterien ausgetauscht werden: Ein Austausch genetischer Informationen ist zwischen ihnen möglich! Heute wissen wir, daß es auch dabei gewisse Spielregeln gibt, aber das Faktum bleibt – die »klassische Vorstellung«, genetischer Austausch sei nur im Kreise eng verwandter Lebewesen möglich, ist falsch.

Bald darauf fand man auch heraus, daß die »beweglichen genetischen Elemente« (»Plasmide« der Bakterien) sich vergleichsweise leicht von Bakterien lösen lassen, daß man diese chemischen Einheiten dabei funktionsfähig halten und sodann in andere Bakterien wieder einbauen kann. Und dort funktionieren sie weiter, exakt so, wie sie es in dem Bakterium taten, aus dem sie entnommen wurden, und sie bilden weiter jene Stoffe, die sie dort bildeten!

Der nächste Versuch war rasch vorgeschlagen: Es fehlt uns Insulin, um die vielen Zuckerkranken behandeln zu können. Wenn wir aus dem genetischen Material eines Menschen jenen Abschnitt, der die Insulinproduktion des gesunden Menschen regelt, herausnehmen und in das genetische Material eines Bakteriums einbauen, wird dann das Bakterium jenes Insulin produzieren, das die Zuckerkranken so dringend benötigen? Das insulinproduzierende Bakterium, in großen Tankanlagen gezüchtet, würde es uns vom Schlachthofabfall-Insulin (Rinder- und Schweine-Pankreas) unabhängig machen können? Die wissenschaftlichen Experimente sind erfolgreich gewesen. Es besteht gute Hoffnung, daß der eingeschlagene Weg zum angestrebten Resultat führen wird.

Die ersten Ansätze zum »Genetical Engineering« sehen also vielversprechend aus. Dennoch müssen wir volles Verständnis für alle jene haben, die diese neue Wissenschaft mit einem gewissen Grausen betrachten. Hier werden ja tatsächlich neue Wesen gemacht, und man darf und muß sich fragen, was da wohl noch alles möglich werden wird. Eine Antwort ist heute kaum möglich. Sagen wir es einmal so: Da ist die Angst, Politiker könnten, ebenso wie sie aus der Kernenergiegewinnungsmöglichkeit die Atombombe schufen, nun Mittel und Wege finden, bald nur noch parteipolitisch ausgerichtetes Erbmaterial zuzulassen. Die Sorge, einst von Staats wegen genetisch umgeprägt zu werden, ist sie so gänzlich unbegründet? Die Propagandaministerien, Presseämter, Staatsrundfunk und wie solche Institutionen alle heißen, leiten sie nicht heute schon eindeutig die Vorstellungs- und Gedankenwelt im jeweiligen Staat? Hat der geistig etwas minderbegabte Mitbürger noch Gedankenfreiheit?

Wäre es denkbar, daß durch Veränderungen oder Neukombinationen von Genen Individuen erzeugt werden, die spezielle geistige oder körperliche, vielleicht auch charakterliche Eigenschaften besitzen? »Soldaten« kennen wir etwa bei den

Ameisen als natürlich vorkommend – werden einst menschliche »Soldaten« genetisch als spezielle »Staatsdiener« entwikkelt werden? Zumindest für unsere Generation liegt das noch in weiter Ferne. Eher zu realisieren wäre vielleicht etwas anderes:

Jede Körperzelle enthält einmal den vollständigen Satz des gesamten genetischen Materials. Nimmt man nun eine fremde Eizelle, entfernt aus ihr den originalen Kern und ersetzt ihn durch vorbestimmtes genetisches Material, so kann man nach entsprechender Bebrütung eine direkte Kopie des ersten Individuums erhalten. Versuche an Amphibien haben bewiesen, daß dieses Verfahren funktioniert! Es ist also möglich, von einem Lebewesen ausgehend, es zu vervielfältigen, es praktisch unbegrenzt zu kopieren. Über diese wahrhaft bedrückende Zukunftsperspektive haben sich bislang nur wenige aufgeregt. Da werden Phantasien von Zukunftserzählungen wach, von Klassifizierungen der Menschen, da steigt die Erinnerung an Erich Kästners Gedicht »Der synthetische Mensch« auf:

»Professor Bumke hat neulich Menschen erfunden . . .
. . . außerdem kommen sie fix und fertig zur Welt . . .
Ob ich tatsächlich von Sichentwickeln was halte?
Professor Bumke sprach's in gestrengem Ton.
Auf seiner Stirn entstand eine tiefe Falte.
Und dann bestellte ich mir einen vierzigjährigen Sohn.«

Künstliche Pflanzenzucht

Harmloser, nützlicher und heute bereits von wirtschaftlicher Bedeutung ist die Pflanzenvermehrung aus der Züchtung von Einzelzellen: Nehmen wir an, ein Gärtner findet in einem seiner Beete ein Stiefmütterchen mit besonders großen, leuchtendblauen Blüten und glaubt, diese Sorte ließe sich gut verkaufen. Was er da blühen sieht, ist eine Mutante. Hier hat sich in einem Samenkorn die Stiermütterchen-Erbmasse ein klein wenig geändert, und nun blüht die aus diesem Samen hervorgegangene Pflanze in einem neuen, leuchtenden Blau. Wenn der Gärtner das Geschäft machen will, das ihm vorschwebt, muß er aufpassen, daß die Blüten dieses Stiefmütterchen-Exemplares nicht mit fremdem Stiefmütterchen-Blütenstaub in Berührung kommen (sonst erhält er eine Kreuzung!), sondern nur Blütenstaub dieser einen Pflanze untereinander die Blüten befruchtet. Dann muß der Samen reifen, gesammelt werden, ausgesät und so weiter, bis nach einigen Jahren genug Samen vorhanden ist, um ihn verkaufen zu können. So war das bisher bei aller Pflanzenzucht.

Heute wird es anders: Der Gärtner betrachtet seine Pflanze, ob sie auch gesund und frei von Schädlingen ist – und dann reißt er sie rasch aus! Gekühlt kommt sie nun zur modernen Pflanzenzuchtstation. Dort wird sie zerschnitten, vorsichtig vermahlen und der Pflanzenbrei mit einer Nährlösung in ein rotierendes Glasgefäß gebracht, in dem die Pflanze möglichst bis in ihre einzelnen Zellen aufgelöst wird. Jede dieser Zellen enthält das volle, für die ganze Pflanze erforderliche Erbgut, und deshalb ist es nun möglich, jede der vielen tausend Einzelzellen als Grundlage für ein neues, leuchtendblaues Stiefmütterchen zu nehmen. Die Zellen werden mit aller Sorgfalt in Zehntausende von Gläsern mit Nährlösung gegeben. Dort bildet jede Zelle alsbald nach unten ein helles Würzelchen, quillt, wächst, wird in ein neues Gläschen »umgetopft«, schiebt nach oben eine grünliche Knolle, die sich zu einem Blatt auswächst, wird in ein größeres Glas gegeben, auf einem synthetischen, gallertartigen Nährboden, der auch Schutzstoffe enthält, bald nehmen die Wurzeln zu, es entsteht ein erster Blattstiel, und nach wenigen Wochen wandern kleine Pflanzen in das Treibhaus, aus dem unser Gärtner sich etwas später 100 000 gesunde, verkaufsfähige Pflanzen abholen kann.

Man braucht heute nicht mehr Jahre, sondern nur noch Wochen, um eine neue Art auf den Markt zu bringen, seien es nun Ananaspflanzen, Orchideen, Zitronenbäume, Stiefmütterchen oder andere Pflanzen. Ein Kibbuz im Norden Israels hat die »Zellkulturzüchtung« bereits so perfektioniert, daß das ganze Dorf davon ein gutes Einkommen hat.

7. Kapitel: Die falschen Propheten

Längst bevor Reizworte wie »Genetical Engineering« oder »Genmanipulation« die Runde machten, wußte jeder Züchter, ob für Pferde, Kaninchen, Hunde oder Tauben, daß körperliche und rassische Merkmale erblich sind. Im Zelt eines Lappen-Ehepaares wird kein Neger geboren werden, und die Kreuzung zweier Bernhardiner wird nie einen Dackel geben. Von genetisch bedingten Stoffwechsel-Eigentümlichkeiten wissen die Biochemiker und Mediziner zu berichten. Auch Intelligenz und Begabung sind erbliche Faktoren, jeder weiß von den großen Musiker- und Mathematikerfamilien oder Sprachbegabungen. Auch Charakterveranlagungen sind erblich, selbst wenn es sich um so kompliziert zusammengesetzte Eigenschaften handelt wie Mut, Trägheit, Selbstsucht oder Eitelkeit.

Die Eitelkeit des Menschen, eines seiner charakteristischen Kennzeichen, geht so weit, daß sich eine jeweils neue Glaubenslehre nur durchsetzen kann, wenn sie darauf jede erdenkliche Rücksicht nimmt. Was »gut« und »schön« ist, bestimmt der Mensch, und er fordert, daß jede Glaubenslehre ihm das auch ebenso bestätigt wie seine Ansicht dazu, was »häßlich« und »böse« ist. Der Mensch verlangt, daß sein Gott in seinem Urteil so sei, wie er selbst es ist. Dann erst steht dieser Gott ihm nahe, und er, mit einer besonderen Seele begabt, kann mit ihm reden, der Beherrscher der Erde spricht mit dem Schöpfer und Herrn des Alls. Und er fühlt sich dazu berechtigt, denn der Mensch ist gut: Der üble Mensch der Vergangenheit wurde anläßlich der »Sintflut« beseitigt. Die Realität mag sein, wie sie will, nichts bleibt ungewagt, wenn es nur dazu dient, die eitle Überheblichkeit des Menschen ins Positive zu wenden. Mit ihm geht die Evolution »vorwärts«, geht es »aufwärts«, wird schon alles besser werden, das verkündet der Mensch und denkt nicht daran, daß vielleicht Gott am sechsten Tag seine Schöpfung als vollkommen abschloß – die nun stetig untergeht.

Die Zehn Gebote? Was sind sie dem Menschen mehr als konventionelle Lebensregeln, geschaffen, um in der Gemeinschaft ohne Schaden durchzukommen? Es ist leider so, daß der Mensch Gott bewiesen haben möchte und nicht begreifen will, daß Gott weit außerhalb von Erfahrungen und Wissen steht, im Dunkel von Glauben und Vertrauen.

Aber die große Katastrophe, die Sintflut, die imponiert dem Menschen, gewalttätig wie er ist, die beeindruckt ihn, die braucht er ja auch nicht nur zu glauben! Was da geschah, kann er ja sehen, kann es begreifen. Oder sind die vielen Versteinerungen von Pflanzen und Tieren vielleicht nicht Zeugen der Sintflut?

Von der Sintflut zur Katastrophentheorie

Zu jenen, die glaubten, die Sintflut auch wissenschaftlich beweisen zu müssen, gehörte der Waisenhausarzt und Mathematiker Johann Jakob Scheuchzer in Zürich (1672–1733). Die versteinerten Fische, Muscheln, Ammonshörner, Donnerkeile und Schnecken, die er sammelte, das waren doch ohne Zweifel alles tote Reste aus der Sintflut-Zeit. Die große Flut hatte die Seetiere hoch auf die Berge gespült, und dort fand er sie nun. Fast alles, was Scheuchzer meinte, war, von unserem Standpunkt aus gesehen, falsch. Aber zu seiner Zeit stand er doch haushoch über seinen Zeitgenossen, die nicht bereit waren, pflanzliche oder tierische Versteinerungen als Reste von Lebewesen anzusehen, vielmehr glaubten, es handele sich um »Spiele der Natur«. Allerdings schoß Scheuchzer auch einmal weit über sein Ziel, den Sintflut-Beweis, hinaus, als er nämlich glaubte, die Überreste eines bei der Sintflut ertrunkenen »alten Sünders« gefunden zu haben: Im Westen des Bodensees liegt der badische Ort Öhningen in einem Kalkgebiet, das voller Versteinerungen steckt. Zur großen Freude der Mönche aus dem ehemaligen Chorherrenstift Öhningen fand Scheuchzer nun just bei ihnen die herrlichsten Beweise für die biblische

Sintflut! Das ging so lange gut, bis Scheuchzer eine Art Skelett fand, das er alsbald mutig als »ein recht seltenes Denkmal jenes verfluchten Menschengeschlechts der ersten Welt« ansprach. Als er bald darauf weitere ähnliche Funde machte, kamen Zweifel auf, aber erst im Jahre 1825, knapp 100 Jahre nach seinem Tode, wurde endgültig festgestellt, daß es sich bei seinen Funden um Knochen von Riesensalamandern gehandelt hat.

Doch warum sollte es keine Sintflut gegeben haben? Die Bibel berichtete von einer Sintflut, aber auch Sagen und Märchen vieler Völker wissen davon. Was widerspricht der Annahme, daß es viele Sintfluten auf der Erde gegeben haben kann, ja, daß demnächst eine neue Sintflut zu erwarten ist? Einem der größten Gelehrten Frankreichs blieb es vorbehalten, auf diesem Gedanken aufbauend, ein einleuchtendes, wenn auch leider falsches Weltbild zu entwerfen: dem Baron Georges de Cuvier (1769–1832). Man hat ihn einen Beherrscher der Biologie seiner Zeit genannt, doch tatsächlich galt sein Interesse vor allem anatomischen Fragen. Er ist der Begründer der »Vergleichenden Anatomie«. Er klassifizierte, ordnete, schuf »Stämme« des Tierreiches und gliederte sie auf. Da war es kein Wunder, daß er auch die tierischen Versteinerungen in seinem System unterzubringen versuchte. Im Jahre 1796 fand er, daß eine Versteinerung, die ihm vorlag, irgendwie der Gruppe der Elefanten zuzuordnen sei, jedoch ganz exakt zu keiner heute noch lebenden Art passe. 1812 erregte ein fliegendes Tier mit richtigen Flügeln, das aber andererseits zu den Reptilien gehören mußte, sein Interesse. Es war ein Pterodactylus, ein Wesen mit einem langen, schmalen Schnabel, der mit kurzen, spitzen Zähnen besetzt ist, ein kurzschwänziger Flugsaurier mit Kehlsack, ein Fischfresser, dessen lange Zehen der Hinterfüße darauf hindeuten, daß dieses Vogel-Echsen-Wesen wohl auch ein guter Schwimmer gewesen ist.

Cuvier erkannte aber nicht nur, daß die versteinerten Tierreste auf seltsame Art von den heutigen Formen abwichen, sondern auch ihr unterschiedliches Alter. Je tiefer die Gesteinsschichten lagen, aus denen die Funde stammten, je älter also das Gestein mit seinen Tierresten war, desto fremder waren die Tiere den jetzt lebenden Tierformen. Wie ließ sich das verstehen? Für Cuvier gab es keine Zweifel, es mußte im Verlauf der Erdgschichte Katastrophen gegeben haben, bei denen eine weltweite Flut alles Leben ausgelöscht hatte, und dann hatte jeweils eine Neuschöpfung des Lebens stattgefunden! Vier solche Sintflut-Katastrophen glaubte er annehmen zu müssen. Die vorläufig letzte, meinte er, sei die in der Bibel geschilderte Sintflut gewesen. (Siehe Anhang S. 249)

Sein Konzept, die »Katastrophentheorie«, war zunächst voll befriedigend. Viele Beobachtungen ließen sich nun zwanglos erklären, und man verstieß nicht einmal gegen die biblischen Vorstellungen – wenn man nur ein klein wenig großzügig war.

Aber dann wurde die Angelegenheit doch zunehmend schwieriger. Es wurden ständig noch lebende und ausgestorbene Tiere neu entdeckt, die sich nur schwer oder gar nicht in das von Cuvier geschaffene Ordnungsschema einfügen ließen. Immer wieder neue, zusätzliche erdgeschichtliche Katastrophen waren anzunehmen, wenn nicht das gesamte System ins Wanken kommen sollte. Zeitweise benötigte man zur Erklärung eine Folge von 27 Katastrophen in der Erdgeschichte. Es kam, wie es kommen mußte, die Theorie Cuviers wurde angegriffen. Man verfiel nun ins andere Extrem und behauptete, eine Katastrophe habe es nie gegeben (was sich in dieser extremen Form heute nicht mehr halten läßt). Doch wenn man keine Katastrophen zuläßt und sagt, in einer Evolution habe sich eine Tier- und Pflanzenform aus der jeweils vorangegangenen entwickelt, dann muß man auch anerkennen, daß der Mensch aus der Reihe der Tiere erwachsen ist. Dieses Eingeständnis paßt manchen heute noch nicht, und es erhebt sich auch zwangsläufig die unangenehme Frage, weshalb immer neue Tier- und Pflanzenformen entstanden sind.

Auf Seite 184ff. haben wir dazu bereits einiges erfahren.

Wie so oft in der Geschichte der Wissenschaft bot sich eine sehr einfache Erklärung an, so einfach und so einleuchtend – wie falsch. Unter ihren Verfechtern ragt der französische Naturforscher Jean-Baptiste Pierre Antoine de Monet Chevalier de Lamarck (1744–1829) hervor, und so ging die neue Lehre denn auch als »Lamarckismus« in die Wissenschaftsgeschichte ein. Ihr letzter bedeutender Anhänger war in unserer Zeit der sowjetische Biologe Trofim Denisowitsch Lysenko (geboren 1898).

Lamarck, elftes Kind einer alten aristokratischen Familie Frankreichs, sollte Geistlicher werden, doch er ging zur Armee und diente im Siebenjährigen Krieg, bis er, nach einer Verwundung, 1766 als Offizier ausscheiden mußte. 1778 erschien sein Buch über die Pflanzen Frankreichs, ein Werk, das er noch während seiner Dienstzeit an der Mittelmeerküste verfaßt hatte. Im Jahre 1793 wird der Botaniker Lamarck Professor für Zoologie am Naturgeschichtlichen Museum in Paris und beginnt – fast 50 Jahre alt! – sein Lebenswerk: Er ordnet weite Bereiche der Tierwelt neu, unterscheidet beispielsweise die achtbeinigen Spinnentiere von den sechsbeinigen Insekten, registriert, bildet neue Gruppen, unterscheidet als erster die Wirbeltiere von den Wirbellosen, und endlich erwächst aus all dem sein großes siebenbändiges Werk über die wirbellosen Tiere (1801–1809). Diese in wüsten Kriegszeiten verfaßte Arbeit ist hier indessen weniger wichtig als sein im Jahre 1809 erschienenes Buch, in dem er an die Stelle der Katastrophentheorie Cuviers eine gleitende Entwicklung setzt, eine Evolution, bei der neue Arten entstehen, wenn neue Eigenschaften im Verlauf des Lebens erworben worden sind. Lamarck behauptet also, erworbene Eigenschaften wären erblich.

Das für seine Behauptung oft genannte Beispiel ist die langhalsige Giraffe, die nach seiner Ansicht aus einer Antilope hervorgegangen sein soll, weil über Generationen die Notwendigkeit wuchs, immer höhere Blätter von den Bäumen fressen zu müssen. Generell stellte er als Lehrsatz auf: Wird ein Organ stark gebraucht, so entwickelt es sich, wird es wenig gebraucht, so verkümmert es, und ob Entwickeln oder Verkümmern, beides ist erblich. »Vererbung erworbener Eigenschaften!« wurde der Kampfruf seiner Anhängerscharen – allerdings erst lange nach seinem Tode. Solange er lebte, blieb Lamarck arm und fast unbekannt.

In dem gleichen Jahre, in dem Lamarck sein großes Werk über die wirbellosen Tiere abschloß, also 1809, wurde in England ein Mann geboren, der eine neue Theorie über das Werden und Vergehen der Arten, über die Evolution, aufstellen sollte: Charles Robert Darwin.

Sammeln und Denken: Darwin

Charles Darwin hätte eigentlich, wie sein Vater und Großvater, Arzt werden sollen, aber offenbar hat er sich in seinen jungen Jahren für nichts recht begeistern können. Es ist bekannt, daß sein Vater ihm einst gesagt hat: »Du hast kein anderes Interesse als schießen, Hunde und Ratten fangen, und du wirst dir selbst und der ganzen Familie zur Schande.« Darwin konnte sich auf nichts konzentrieren. Zunächst studierte er Medizin, sie war ihm zu grausam. Dann Zoologie, ohne dabeizubleiben. Das Studium der Geologie war ihm sehr unerfreulich. Chemie und Pharmazie konnten ihn nicht lange fesseln. Also begann er in Cambridge ein Theologiestudium – und machte sich gleichzeitig einen Namen als erfolgreicher Käfersammler. Immerhin, 1831 bestand er ein Examen, das ihm den Beruf eines Geistlichen ermöglichte.

Darwins Familie war vermögend, so standen ihm vielerlei Möglichkeiten offen, aber was sollte man sich von einem jungen Mann erwarten, der von sich selbst über seine Schülerzeit sagte: »Ich sammelte alle möglichen Sachen: Muscheln, Siegel, Frankaturen, Münzen und Mineralien. Die Leidenschaft für das Sammeln, welche den Menschen dazu führt, ein systematischer Naturforscher, ein Virtuose oder ein Geizhals zu werden, war sehr stark bei mir.« Nun, Darwin wurde ein virtuoser Naturforscher, aber er wäre es gewiß nicht geworden, hätte er nicht die Gelegenheit gehabt, an einigen Forschungsreisen teilzunehmen, so an der berühmten Fahrt der »Beagle« vom 27. Dezember 1831 bis zum 2. Oktober 1836 rund um die Erde. Von dieser Fahrt zurück, verfaßte er mehrere Bücher; sein großer Reisebericht wurde ein publizistischer Erfolg, denn Darwin konnte klar und verständlich schreiben.

Irgendwann zwischen dem Juli 1837 und dem Februar 1838 hat er vermutlich begonnen, der Frage nach dem Ursprung der Arten nachzugehen. In seinen Notizbüchern fehlen leider die entsprechenden Seiten. Der Termin ist letztlich aber auch nicht so wichtig, denn dieses Thema war für die Darwins gewissermaßen ein bereits familiengeschichtlich vorgegebenes Thema: Schon sein Großvater, Erasmus Darwin (1731–1802), hat sich mit den Fragen von Abstammung, Vererbung, Evolution und Umwelt auseinandergesetzt, und wäre der alte Erasmus nicht allzu eigenwillig gewesen, so hätte er vielleicht bereits die Rolle spielen können, die nun dem Enkel zufiel. Die Zeit- und Prioritätsfrage spielt aber auch deshalb eine geringe Rolle, weil es Charles Darwin offenbar gar nicht darauf angekommen ist, seine Überlegungen zur »Spezies-Theorie«, wie er es nannte, bekanntzumachen. Genaugenommen kam ihm sogar sein späterer Freund Alfred R. Wallace zuvor!

Wallace (1823–1913) war fast noch mehr als Darwin ein reisender Naturforscher. Auch ihm hatte kein Beruf zugesagt, weder Uhrmacher noch Landmesser oder Lehrer. Statt dessen sammelte er auf weiten Reisen in Südamerika, auf der Malaiischen Halbinsel, auf Borneo und Celebes mehr als 100 000 wissenschaftliche Belege aller Art. Sein Reisebericht vom Amazonasgebiet erregte Aufmerksamkeit.

Von Borneo aus veröffentlicht Wallace 1855 einen Aufsatz in den »Annalen der Naturgeschichte« (Annals of Natural History), in dem er sein weites Wissen benutzt, um ein System natürlicher Verwandtschaften, ein Gesetz der Evolution, zu entwerfen. Darwin ist verblüfft, als er das liest, und schreibt an ihn: »Was den Aufsatz in den Annalen betrifft, so stimme ich der Richtigkeit beinahe jeden Wortes in dem Aufsatz zu . . . In diesem Sommer werden es zwanzig Jahre, daß ich mein erstes Notizbuch anfing über die Frage . . .« (Doch, wie gesagt, just diese Notizbuchseiten gibt es nicht.)

Mit Sicherheit gehen die heute gerne gebrauchten Schlagworte wie »Kampf ums Dasein« und »das Überleben der Besten« auf Wallace und nicht auf Darwin zurück. Die Ehre der Erstveröffentlichung gebührt nach den heutigen wissenschaftlichen Veröffentlichungsregeln Wallace. Damals aber war man noch von außerordentlicher Höflichkeit, und so schrieb Darwin später an Wallace: »Sie müssen mir gestatten, Ihnen zu sagen, wie sehr ich die hochherzige Art bewundere, mit welcher Sie über mein Buch sprechen.« Und Wallace in seiner erstaunlichen Bescheidenheit schreibt: »Sie haben diese Theorie in Einzelheiten (!) ausgearbeitet, an die ich nie dachte, Jahre vor mir.« – Nur hat sie Wallace eben vor Darwin veröffentlicht, heute wäre das alles, was zählt. Das einzige, was Wallace nicht gewagt hat, ist, den Menschen in die »Evolutionstheorie« mit einzuschließen, auch hier übergroße Bescheidenheit – oder Respekt vor kirchlichen Instanzen?

Was haben nun Wallace und Darwin zum Entstehen der Arten von Pflanze und Tier wirklich gemeint? Darwin hat es so formuliert: »Ich bin vollkommen überzeugt, daß die Arten nicht unwandelbar sind, sondern daß die ein und derselben Gattung angehörenden in gerader Linie von anderen, gewöhnlich schon erloschenen Arten abstammen . . . Ich bin ferner überzeugt, daß die natürliche Zuchtwahl das wichtigste, wenn auch nicht das einzige Mittel der Veränderung gewesen ist.«

Am 19. April 1882 ist Darwin gestorben, am 26. April hat man ihn in der Westminster Abbey zu London feierlich beigesetzt. Alfred Russel Wallace hat ihn lange überlebt, er starb neunzigjährig am 7. November 1913 in Broadstone (Dorset), sein Begräbnis fand in aller Stille statt.

Selbstverständlich war die Kirche mit der Evolutionstheorie Darwins in keiner Weise einverstanden. Da hatte doch bereits 1798 ein Geistlicher namens Thomas Robert Malthus verkündet, die Menschen könnten (wie Tiere!) durch Übervölkerung und Nahrungsmangel eingehen – die Menschen, die bevorzugten Geschöpfe Gottes, die Krone allen Daseins! Unvorstellbar, unbegreiflich im kirchlichen, also einzig wahren Sinne! Und nun noch Darwin! Und er behauptet gar, ein vorbestimmter Plan Gottes, der den Menschen hervorgebracht habe, sei nirgends zu erkennen. Da sei nur ein Kampf um das Durchsetzen der Art, ein Spiel des Lebens mit Nieten und Treffern und ohne göttliche Teilnahme! Wenn in einem »Kampf ums Dasein« nur das jeweils starke, angepaßte, funktionstüchtige Lebewesen überlebt, das schwache, leidende aber brutal ausgemerzt wird, wo bleibt da der Gedanke an Friede, Gnade und Mitleid? Zwar hat Darwin anfangs wohl nie behauptet, der Mensch stamme vom Affen ab, aber eben dies lag doch für seine Zeitgenossen so selbstverständlich nahe, daß man es ihm alsbald unterstellte. In Wahrheit war es der Jenaer Professor Ernst Haeckel (1834–1919), der den richtigen Theaterdonner auslöste: Vor der hochansehnlichen Versammlung der heute noch existierenden »Gesellschaft Deutscher Naturforscher und Ärzte« stellte er 1863 fest, der Mensch, Gottes Ebenbild, sei auch nur ein Produkt der »Entwicklung der Arten«. Das vertrug sich nun wirklich nicht mehr mit der religiösen Kirchenlehre, und so blieb den großen Religionen nichts übrig, als die Darwinsche Lehre möglichst rasch zu vergessen.

Die politischen Geister, wie Karl Marx, aber erklärten Darwins Lehre zur naturhistorischen Grundlage ihrer Thesen. Noch heute beruhen sozialistisch-kapitalistische Auseinandersetzungen auf den Thesen jener Jahrzehnte, wenngleich die streitenden Parteien sich längst nicht mehr bewußt sind, daß sie einen »Kampf ums Dasein« miteinander ausfechten. Ebenso übersehen sie, daß ihr Streit nur die weitere Evolution fördert und damit das Verschwinden des heutigen Menschen zugunsten einer veränderten Art. Einst wird ein uns fremdes

Wesen den Menschen als primitives Relikt der Vorzeit sehen, als unerfreuliche Vorstufe auf dem Wege zu seiner Existenz. Und diese Aussage ist bereits optimistisch, denn es mag ebensogut sein, daß der menschliche Entwicklungszweig ebenso total verlöscht wie viele andere vor ihm.

Endet die Evolution im Schlamm?

Aber sind der von Darwin und Wallace postulierte »Kampf ums Dasein« und die »Zuchtwahl« wirklich und allein für die Evolution bestimmend? So fragen heute viele Forscher. Allzuoft schon hat es sich gezeigt, daß ein Gesetz zwar für einen bestimmten Fall galt, aber dann erwies es sich, daß dieses Geschehen nur ein Sonderfall aus einem breiten Spektrum von Möglichkeiten war. Auch das Umgekehrte ist bekannt: Man fand ein allgemeingültiges Gesetz, das aber für jeden Spezialfall abgewandelt werden mußte. Und was Darwin und Wallace als Gesetz der Evolution aufstellten, ist ja genaugenommen nicht einmal ein Naturgesetz, wie jene der Physik, sondern eine unbewiesene Theorie, eine Erklärung, ein Vorschlag zum Verständnis einer Beobachtung. Hier kann man keine Zahlenwerte in eine Gleichung einsetzen und so die Gleichung prüfen. Was haben die »Väter der Evolutionstheorie« denn nun wirklich gesagt?

1) Alle Lebewesen sind verschieden, und die Unterschiede vererben sich (großteils) auf die folgende Generation.

2) Jener Nachwuchs, der aufgrund kleiner Unterschiede seiner Umwelt am besten angepaßt ist, überlebt und vermehrt sich; es gibt stets so viele Nachkommen, daß die weniger gut angepaßten wegsterben können (selbst unter günstigen Umständen können nicht alle überleben!).

3) Es verbleiben stets die durch eine solche Auslese vorteilhaft der jeweiligen Situation angepaßten Individuen.

Jeder Tier- oder Pflanzenzüchter wird aufgrund eigener Kenntnisse und Erfahrungen diesen Überlegungen zustimmen. Die Biologen werden bei einem Rückblick auch gerne bestätigen, daß im Verlaufe der Erdgeschichte bereits mehr als 99 Prozent aller je existierenden Arten ausgestorben sind (ohne »Umweltschäden« durch menschliche Eingriffe).

Aber würden Darwin und Wallace wohl bereit gewesen sein, ihre Lehre aufzustellen, wenn sie geahnt hätten, daß das Leben fast vier Milliarden Jahre alt ist? Darwin erlebte zwar noch die ersten elektrischen Glühbirnen (1854), den aufregenden Fund des Neandertalers (1856), die Erfindung des Dynamits (1867) und den Bau des Gotthard-Tunnels (1881), aber von Radioaktivität, Relativitätstheorie, kosmischer Strahlung oder gar Alter und Größe des Kosmos wußte er nichts. Als er seine Lehre entwickelte, glaubte er, eine Entwicklung beschreiben zu können, die wenige Jahrtausende in die Vergangenheit zurückreichte, wir aber müssen seine Lehre heute für mindestens 3 700 000 Jahrtausende gelten lassen – wenn wir sie unbesehen übernehmen wollen. Das ist eine geradezu abenteuerliche Vorstellung: Der Gedanke, die göttliche Schöpfung habe vom Urschleim eine »Kampf-ums-Dasein«-Linie bis zum Menschen gezogen, mag ja faszinierend sein, aber ist er nicht ebenso vermessen wie der Schluß, die höchste Stufe in dieser Entwicklungsfolge sei zu Darwins Zeit also der damals mächtigste Mensch, seine Königin Victoria, gewesen?

Daß es eine Anpassung an veränderte Lebensbedingungen gibt, steht außer Frage. Aus der Medizin kennen wir die Anpassung von Krankheitserregern gegen die Wirkung von pharmazeutischen Heilmitteln, die sogenannte Resistenzbildung. Die gleiche Beobachtung machen wir bei der Schädlingsbekämpfung, wo nach einer gewissen Zeit die Pestizide wirkungslos werden. Was uns an der Darwinschen Lehre gelegentlich zweifeln läßt, ist nur ihr »ewiger« Gültigkeitsanspruch. Aber sind Zweifel oder Staunen genug, um in ihr Fehler zu sehen? Eine kommende Generation, die mehr Kenntnisse haben wird, mag den Darwinismus schon bald als bewiesene Selbstverständlichkeit und »primitives Schulbuchwissen« einordnen – wie es für uns heute bereits viele geniale Wissenschaftskonzepte sind.

Eine Aufgabe, an der sich vermutlich aber noch viele Generationen die Zähne werden ausbeißen können, ist die logische Folgefrage: Wie wird die künftige Weiterentwicklung ablaufen? Erst dann, wenn aufgrund von Darwins Lehre ein Evolutionsschritt vorhergesagt und auch eingetreten ist, werden alle Zweifel verstummen müssen.

Vorerst bleibt uns eine andere Erkenntnis: Je exakter ein Lebewesen einer ganz bestimmten Umweltsituation angepaßt ist, also etwa der Mensch der gemäßigten Klimazone der Erde, desto empfindlicher wird es von jeder Änderung getroffen. Wir sollten in allem sehr vorsichtig sein, um uns nicht plötzlich und unerwartet auf dem Aussterbeetat der Natur zu finden. »Primitive« Einzeller werden uns ohnehin noch lange Epochen überlegen sein und uns überleben. Wird die ganze hochgelobte Evolution einst zu nichts als einem zwangsweisen Degenerationsablauf? Endet das Leben, aus Oparins Ur-Schleim hervorgegangen, einst in einem End-Schleim?

Überbevölkerung à la Malthus

Der »Kampf ums Dasein« ist für unsere Generation nicht mehr das Schreckgespenst wie zur Zeit Darwins, er ist nur noch ein sinnverfremdetes Schlagwort für Politiker und Mediziner. Doch wir leben mit einer Drohung, die sogar älter ist als die These von Darwin und Wallace, mit der Lehre des englischen Reverends Thomas Robert Malthus! Er müßte heute eigentlich tagtäglich von jeder Tageszeitung zitiert werden.

Malthus ist am 17. Februar 1766 in Rookery/Surrey geboren, und wie es heißt, hat der große französisch-schweizerische Schriftsteller, Pädagoge und Philosoph Jean-Jacques Rousseau (1712–1778) just um jene Zeit seine Eltern besucht. Die Lehren dieser beiden sollten während der Französischen Revolution außerordentlich wesentlich werden.

Hochwürden Malthus veröffentlichte seine entscheidende Schrift »An Essay on the Principle of Population« im Jahre

1798, vielleicht aus kirchlich-moralischen Aspekten heraus. Ihm ging es zunächst einmal um die Probleme der Armen, um Krankheiten, Elend, Laster, Armut und Hunger. Unter dem Eindruck der Schreckensherrschaft der Französischen Revolution behauptete er,

– es sei ein Trugschluß, zu glauben, die Menschheit könne besser oder gar tugendhafter werden, und

– die Menschheit werde immer arm bleiben, denn sie vermehre sich viel stärker, als die Lebensmittelproduktion zunehme; ihre hohe Sexualität sei verderblich.

Er stellte damit, vielleicht unbewußt, Mensch und Tier gleich. Gelegentlich wird gefragt, ob Malthus, der Angestellter der reichen Ostindischen Kompanie war, wirklich nur idealistische Ziele vor Augen hatte. England stand zu seiner Zeit auf dem Höhepunkt der Macht, war im Besitz Indiens und weiter Gebiete Nordamerikas, besaß ungeheure Reichtümer und befand sich in einer geopolitischen Lage, wie sie heute vergleichsweise die USA innehaben. Ging es Malthus vielleicht auch darum, die Konkurrenten Englands schwach, bevölkerungsarm und ausbeutbar zu halten? Wurde seine These so willig diskutiert und akzeptiert, weil sie politisch willkommen war? Eines ist sicher, wenn heute in Asien oder Afrika Hungersnöte ausbrechen – Malthus hätte dazu gewiß kaum mehr zu bemerken als: »Wie ich es euch vorhergesagt habe!« Für England war seine These zu seiner Zeit zweifellos übertrieben, denn in England gab es damals (um 1800) nur acht Millionen Menschen gegenüber rund 56 Millionen heute.

Die Fachleute streiten bis jetzt darum, ob es zwischen den Schriften Malthus' und Darwins Zusammenhänge gibt, doch letztlich ist das wohl gleichgültig. Uns kann es nur um die Frage gehen, ob der Vermehrungsstopp der Menschheit, den Malthus wollte (1827 wurde die Sterilisierung aller Männer vorgeschlagen, die unter einer gewissen Einkommensgrenze lagen – siehe Indien heute!), »vernünftig« war. Wir stehen hier vor dem immer noch gerne diskutierten Problem der »Familienplanung«. Sie läuft auf eine chemische Sterilisierung hinaus. Ist solche Planung überhaupt natürlich? Haben wir ein Recht, hinsichtlich Ernährung, Vermehrung, Berufswahl oder Altersversorgung planend und lenkend in den natürlichen Ablauf in großem Maße einzugreifen? Was wir können, ist Extremfälle mildern, aber der Natur auf ihrem Evolutionsweg in den Arm fallen? Das führt zu Katastrophen.

Was die unsteuerbare Vermehrung der Menschheit angeht, so sind die Ängste von Malthus weit übertroffen worden. Nach unserem besten Wissen haben sich die Menschen auf der Erde wie folgt vermehrt (in Millionen Exemplaren):

4000 v. Chr.	30
1000 v. Chr.	80
Zeitwende	~ 160
1000 n. Chr.	~ 200
1500 n. Chr.	~ 300
1830 n. Chr.	1000
1970 n. Chr.	3697
1981 n. Chr.	4513
2000 n. Chr. (geschätzt)	6000 bis 6500

Der enorme Zuwachs der letzten Jahrzehnte geht allerdings nicht nur auf zusätzliche Geburten zurück, sondern auch auf die sinkende Sterblichkeit. Immerhin, derzeit erblicken in jeder Sekunde etwa drei Kinder das Licht der Welt. – Das Festland unserer Erde beträgt rund 148 Millionen Quadratkilometer, statistisch kommen damit nun gut 30 Menschen auf den Quadratkilometer (im Ruhrgebiet sind es etwa 1600).

Der »Club of Rome« ging in die Irre

Malthus ist 1834 gestorben, sein vorerst letzter Nachfahre wurde eine Gruppe von etwa 70 Naturwissenschaftlern, Beamten und »Umweltforschern«, die 1972 als »Club of Rome« Aufsehen erregten. Was diese Leute mit großem Ernst vortrugen, war gewiß ihre ehrliche Meinung – aber wer findet sich so leicht mit der Statistik zurecht? So gibt es inzwischen viele

Stimmen, die meinen, alle Prophezeiungen des »Club of Rome« seien zweifelhaft und nur unzureichend dokumentiert gewesen. Die besten Daten und Entwicklungstendenzen, die zahlenmäßig exaktesten Rechnungen, sie werden sinnlos, wenn man nicht wenigstens versucht, auch

- künftige technisch-wissenschaftliche Neuentdeckungen,
- zusätzlich mögliche neue Rohstoffquellen,
- Änderungen des Verbraucherverhaltens oder wenigstens
- kommende Energiequellen

realistisch in die Überlegungen einzubeziehen.

Nun sind wirtschaftlich-technische Angaben eigentlich immer ungenau, denn wenn es um Geld und Macht geht, wird an Zahlen gerne etwas gedreht, doch nehmen wir beispielsweise das Erdöl. Was einigermaßen zutreffend sein dürfte, sind die Fördermengen (in Mill. t pro Jahr):

1850 fast	0
1910 etwa	40
1920 etwa	100
1930 etwa	200
1940 etwa	300
1950 etwa	500
1960 etwa	1084,5
1970 etwa	2336,1
1980 etwa	3059,1

Da kann man nun leicht zu düsteren Zukunftsvorhersagen kommen, doch wie zutreffend werden sie sein? Dazu müßte man zuerst einmal die Qualität des jeweiligen Erdöls betrachten, ob es nur zu Heizzwecken und als Motortreibstoff dienen kann oder auch als Rohstoff für die Heilmittelherstellung, die Kunststoffabrikation, als Lack- und Farbengrundstoff, als Schmiermittel usw. Sodann gilt es, die Fördermengen in eine Beziehung zu den entsprechenden Erdölreserven der Erde zu setzen, und damit beginnen die Unklarheiten: Muß oder soll man auch die unter den Ozeanböden lagernden Mengen mit berücksichtigen, die Öle in den riesigen Lagern an Teersanden, die chemisch noch aus »leeren« Öllagern gewinnbaren

Mengen, die ungeheuer sind (je nach technischem Entwicklungsstand)? Dann darf doch mit Sicherheit angenommen werden, daß es Erdöllagerstätten gibt, die wir noch nicht einmal entdeckt haben! Wieviel werden sie enthalten? Wie werden sich Preise und Verbrauch entwickeln?

Niemand von uns kann einen derart schwierigen Komplex von Fragen übersehen. Prognosen auf Zeiträume größer als drei bis fünf Jahre sind immer zweifelhaft; müssen es sein. Nur eines ist eine Erfahrungstatsache: Die Zahlen über die Erdölreserven der Erde werden Jahr um Jahr nicht kleiner, sondern größer! Es besteht also kein akuter Anlaß zu Sorgen.

Doch auch was die metallischen Rohstoffe unserer Erde angeht, erwiesen sich die Propheten als falsche Propheten. Da hat der »Club of Rome« 1972 vorhergesagt, schon vor dem Jahre 2000 würden sich die Lagerstätten technisch wichtiger Metalle wie Blei, Zink und beispielsweise Platin erschöpfen. Selbst wenn die Preise für Uran, Zinn und Silber erheblich steigen würden, so wäre eine Versorgung mit diesen Metallen nicht mehr gesichert. Wir wissen heute mit Sicherheit, daß diese Voraussage absolut falsch ist.

Wieso solch ein Irrtum? Nun, man war von dem Begriff der Metallreserven ausgegangen. Das aber ist nur jener Teil der wirklich vorhandenen Menge, der zum jeweiligen Zeitpunkt technisch-wirtschaftlich gewonnen werden kann. Was man gewinnen kann, hängt aber davon ab, welche Lagerstätten zu dem betreffenden Zeitpunkt bekannt sind, welche Gewinnungsverfahren man hat, wie die Produktionskosten sind und bis zu welchen Metallkonzentrationen Erze lohnend ausbeutbar sind. Auch verbessern sich ständig die Möglichkeiten, Altmetall wieder in den Produktionsprozeß zurückzuführen (Recycling).

Wir wollen gar nicht erst mit statistischen Zahlen spielen, sondern uns nur das Endresultat ansehen. Es besagt, wir haben von fast allen Metallen heute größere gewinnbare Vorräte, als noch vor zehn oder 20 Jahren angenommen. Gold, Quecksilber und Antimon mögen dereinst vielleicht knapp werden, aber Eisen, Nickel, Uran, Aluminium, Magnesium, Titan und Vanadium darf man geradezu als die Metalle der Zukunft bezeichnen, so reichlich sind sie für uns vorhanden.

Als infolge politischer Ölpreiserhöhungen eine Energieknappheit zu drohen schien, wurden nicht nur die Vorräte an Kohle und Erdgas interessanter, die Reserven an Wasserkraft und Windenergie studiert und neue Technologien zur Atomkernenergie-Gewinnung entwickelt, sondern auch die Frage aktuell, ob und wie man die Sonnenenergie direkt ausnutzen könne. Man wird, wenn die Not wirklich drängt, hier gewiß Wege finden können. Ansätze dazu zeichnen sich bereits ab. Das überraschendste Resultat ist: Der Energiebedarf der Menschheit ist gar nicht so unvorstellbar groß, wie wir uns gerne selber vormachen, er beträgt nur $^{1}/_{20\,000}$ jener Menge, die die Erde von der Sonne erhält. Energieprobleme werden letztlich immer lösbar sein.

Wir werden nicht ersticken

Es erstaunt immer wieder, wenn man sieht, auf wie viele seltsame Probleme wir hereinfallen. Als die falschen Propheten voraussagten, Kohle, Erdöl, Erdgas und besonders das Holz unserer Wälder gingen zu Ende, da tauchte der Gedanke auf: Wenn wir all diesen Kohlenstoff zu Kohlendioxid verbrennen, bleibt uns dann überhaupt noch genug Sauerstoff für unsere und die Atmung der Tiere übrig? Monatelang wurde darüber diskutiert, in Tageszeitungen waren ängstliche Berichte zu lesen, und selbst in wissenschaftlichen Blättern trug man Zahlen zusammen, rechnete, schrieb Leserbriefe, kurz: benahm sich, als ob der Weltuntergang absehbar geworden sei. Bis – ja, bis man endlich zu dem Ergebnis kam: Wenn wir allen verbrennbaren Kohlenstoff wirklich verbrennen, dann bleibt immer noch genug Sauerstoff für uns übrig, zumal ja Sauerstoff ständig von pflanzlichen Lebewesen freigesetzt wird. Heute muß die arme Pflanzenwelt in einer Luft leben, die 20,95 Prozent

Sauerstoff enthält, und das ist ihr hinderlich, den Pflanzen wäre ein Minus an Sauerstoff und ein Mehr an Kohlendioxid sehr willkommen. Wenn wir alles verheizen könnten, was wir an Kohlenstoff auf der Erde greifbar besitzen, wird es aber leider für die Pflanzen kaum besser, die Luft verliert nur 0,15 Prozent des Sauerstoffs. Uns und der Tierwelt würde diese Sauerstoffabnahme der Atmosphäre gar nichts ausmachen. Also wieder einmal: Viel Lärm um nichts.

Sollten wir im Gegenteil eine wesentliche Sauerstoffzunahme der Luft fürchten? Einige Wissenschaftler meinen, wenn der Sauerstoffgehalt der Luft auf über 25 Prozent steigt, würde die Vegetation verbrennen müssen.

Wir kriegen das Klima nicht kaputt

Doch schon tauchte ein neuer dunkler Schatten in der Gerüchteküche der Wissenschaft auf: Und wenn wir schon im Kohlendioxid nicht ersticken, dann geht unsere Welt aber doch sicherlich durch eine Klimaänderung unter?

Klimaänderung: Dieses Thema taucht gleich dem Loch-Ness-Ungeheuer jährlich zur »Sauregurkenzeit« in den Medien auf. Meist ist es die Sorge, es könnte eine neue Eiszeit ausbrechen, mit immer kälteren Wintern, schlechter werdenden Ernten, mit Hungerzeit und Frostnöten. Eiszeiten – liegt nicht die letzte Eiszeit nur 10 000 Jahre zurück, hat nicht seit runden 70 000 Jahren stets das Eis alle Kulturentwicklung erstickt? Wird uns die Sonne genug Wärme spenden können? Werden keine dunklen Wolken, etwa aus Vulkanstaub, uns vom Sonnenlicht trennen? Können nicht große Schneeflächen einmal soviel Sonnenwärme in den Weltraum zurückstrahlen, daß die Erde abkühlt, das Eis an den Polen wächst, die Erde damit weiter auskühlt? Wann werden wir erfrieren müssen?

Eiszeit-Phantasien.

Aber dieses Mal hieß es in den Meldungen nun nicht: »Es wird zu kalt«, nein, im Gegenteil: »Es wird zu warm werden auf der Erde!« Und der Beweis war doch so leicht, so allgemeinverständlich darzulegen: Wenn wir im Übermaß Kohle, Öl und Holz verbrennen (anstatt Atomenergie zu erzeugen, versteht sich), dann wird als Verbrennungsprodukt das Kohlendioxid in der Atmosphäre angereichert. Kohlendioxid aber läßt zwar die Sonnenwärme zu uns auf die Erdoberfläche durch, doch den wärmenden Infrarotanteil nicht wieder zurück in den Weltraum. Dann kann die Erde nachts nicht mehr abkühlen. Also wird sie ständig wärmer werden. Das Eis der Gletscher und das Eis an den Erdpolen wird schmelzen, die Wassermassen der Ozeane werden steigen und Land überfluten. Von den nun warmen Seen und Ozeanen steigt Dampf auf, bildet weite, undurchsichtige Nebelbänke, und dann setzen große Regenfälle ein. Und so entsteht auf der Erde ein »Treibhausklima«, Dschungelwälder dehnen sich aus, umschlingen die Städte, und endlich erstickt in dieser grünen Welt alle menschliche Kultur. Ein grausig-schönes Konzept, mindestens so sensationslüstern wie das Erfrieren der Menschheit in einer neuen Eiszeit.

Aber auch dieses Szenario ist nicht zu beweisen! Zwar läßt sich aufgrund einiger Annahmen leicht das grauslichste Resultat errechnen, doch wieviel Prozent Kohlendioxid hat die Atmosphäre vor 50 oder 100 Jahren enthalten? Die überlieferten Analysen sind zu ungenau, ebenso zweifelhaft die Annahme, wieviel von dem entstandenen Kohlendioxid in der Atmosphäre wirklich bleiben wird, wieviel sich in den Ozeanen löst, wieviel von verstärktem Pflanzenwuchs verbraucht werden kann und so weiter.

Gut, niemand wird ernsthaft bezweifeln wollen, daß hier eine interessante Frage aufgeworfen ist, niemand wird es auch für dumm halten, wenn wir einmal versuchen, den Kohlendioxidgehalt der Atmosphäre auf der nördlichen und südlichen Erdhalbkugel mit neuen Methoden über einige Jahrzehnte zu messen; aber um jetzt, von vagen Annahmen ausgehend, finstere Umweltkatastrophen zu prophezeien, dazu besteht wahrlich kein Anlaß! Wissenschaft ist ein nüchternes, langwieriges und schweres Geschäft. Eine »informierte Gesellschaft« ängstlicher Gemüter hat in ihr keinen Platz. Unwissende Politiker können zwar fordern, die Wissenschaftler sollten ihre Resultate offen und »allgemeinverständlich« darlegen. Wie aber soll ein Mensch der Masse der Zeitgenossen etwas klarmachen, das er selber noch nicht verstanden hat, geschweige denn, daß er gar schon »die Bedeutung seiner Resultate für die Allgemeinheit« zu erkennen vermöchte? Es gehört zu den Aberglauben unserer Zeit anzunehmen, man könne und müsse Dinge diskutieren, von denen man kein Grundwissen hat. Lachhaft und dumm zugleich ist es auch, durch Parlamentsbeschluß ein Naturgesetz ändern zu wollen, beispielsweise durch die Anordnung des Null-Gehaltes eines Stoffes in einem Nahrungsmittel. Tatsächlich folgt der Fortschritt unserer Naturerkenntnis einem tieferen Naturgesetz und ist legislativ nicht zu beeinflussen, mögen die einzelnen Forschungsresultate nun als »gut«, »böse« oder »unerheblich« angesehen werden.

Der Teufel aus der Spraydose?

Im Jahre 1900 galt es als ordinär und gesundheitsschädlich, sich die Haut von der Sonne bräunen zu lassen. »Höhensonne« wurde nur ärztlich verordnet. Ab 1933 etwa galt Sonnenbräune dann als Zeichen von Jugendlichkeit, Gesundheit und als »schön«. Gleichzeitig etwa lernte man, daß ein »Sonnenbrand« durchaus gefährlich werden kann; es »verbrennt« nicht nur die obere Hautschicht, es kann hohes Fieber auftreten, bleibende Hautverfärbungen sind möglich, ja, es kann noch nach Jahren zu einem Hautkrebs kommen. Zunächst scheint das auch gar nicht so verwunderlich, denn selbst in einem so wolkenreichen Land wie England darf im Sommer durchschnittlich mit einer Sonnenenergie-Einstrahlung von fünf Kilowattstunden pro Quadratmeter am Tag gerechnet werden. Doch die angeblich so gesunde bräunende Sonnenstrahlung macht nur einen kleinen Bruchteil dieser Energie aus, nur der Ultraviolettanteil des Sonnenlichtes verändert die Haut chemisch.

Von der gesamten Ultraviolettstrahlung der Sonne erreicht zum Glück nur ein Teil die Erdoberfläche. Die sogenannte Ozonschicht, die in 10 bis 15 Kilometer Höhe um die Erde liegt, fängt viel Ultraviolettlicht weg und wandelt es in Wärme um. Ohne die Ozonschicht gäbe es ein Leben auf dem Festland vielleicht gar nicht; die energiereiche Ultraviolettstrahlung wäre tödlich.

Im Jahre 1971 ging eine sensationelle Meldung durch die Presse: Wenn künftig eine Flotte von 500 großen Überschallflugzeugen die Erde umkreisen wird, so werden sie pro Jahr zwei Millionen Tonnen Stickoxide ausstoßen, und diese werden die Ozonschicht um 50 Prozent vermindern. Chemisch ließ sich das belegen: Ozon ist eine Verbindung aus drei Sauerstoffatomen, also O_3. Das Ultraviolettlicht der Sonne zerlegt ein gewöhnliches Sauerstoffmolekül O_2 in zwei reaktionsfähige einzelne O-Atome, und die geben mit zwei O_2-Molekülen 2 Moleküle Ozon:

O_2 gibt durch UV-Strahlung O + O

$$\left.\begin{array}{l} O_2 + O \\ O_2 + O \end{array}\right\} \rightarrow \text{zwei Moleküle } O_3$$

Eine gegenläufige Reaktion, bei der ein Ozonmolekül auf ein Sauerstoffatom trifft, kann wieder zu gewöhnlichem Sauerstoff, O_2, führen:

$$O_3 + O \rightarrow 2\,O_2.$$

In der Ozonschicht liegt also ein Gleichgewicht des Entstehens und Vergehens von Ozon vor. Wenn nun Stickoxide von Flugzeugabgasen in diesen Mechanismus eingreifen, so könnte von ihnen die Ozon-Abbaureaktion begünstigt werden und unser Ozonschutzschirm gefährlich dünn werden. Doch das blieb reine Theorie – die Flotte von großen Überschallflugzeugen wurde nie gebaut.

Aber die Furcht, ob unser Ozonschirm ewig halten würde, war geweckt. Schon drei Jahre später tauchte sie wieder auf.

Das ungiftige, nicht brennbare, geruch- und geschmacklose Treibgas der Kosmetik-Spraydosen (Jahresverbrauch etwa 600 000 Tonnen) bedroht unsere Ozonschicht, hieß es nun. Wieder schien die Angelegenheit chemisch beweisbar zu sein. Das Treibgas, eine Kohlenstoffverbindung, die Chlor und Fluor enthält, ist zwar bei uns auf der Erdoberfläche nicht zersetzlich, doch unter der Einwirkung des Ultraviolettlichtes der Sonne sollte es zerfallen, und es ließ sich zeigen, daß seine Bruchstücke den Ozonabbau begünstigen würden. Wieder war die Aufregung groß, so groß, daß die Verwendung dieses Spraydosen-Treibgases schließlich verboten wurde.

Erst danach ergab sich: Wir wissen über die Ozonschicht unserer Erde viel zuwenig, als daß wir wirklich exakte Aussagen machen können! Sie schwankt der Dichte nach, der Höhe nach, wechselt mit dem Breitengrad der Erde, und ein Einfluß der Spraydosen-Treibgase ist bisher überhaupt nicht meßbar. Wenn einst vielleicht Veränderungen der Ozonschicht statistisch sicher nachweisbar werden, dann gewiß eher

- als Folge von Kernwaffenexplosionen in der Atmosphäre
- oder aus übertriebenen Stickstoffdüngungen der Landwirtschaft
- oder aus Protonen-Strahlungsausbrüchen der Sonne, ja vielleicht sogar
- als Folge großer Vulkaneruptionen,

aber vorerst gewiß nicht aufgrund der »gefährlichen« Spraydosen-Treibgase.

Fazit: Wälder sind abgeholzt worden, um das Papier für wissenschaftliche und laienhafte Aufsätze über »das Ozon-Problem« zu gewinnen, auf Versammlungen und Parteisitzungen wurde ungezählte Stunden nutzlos diskutiert, »Umweltschützer« protestierten erbittert, ein bedeutender Produktionszweig der chemischen Industrie wurde zerstört, der Verpackungsindustrie erwuchsen Kosten – alles für nichts und wieder nichts.

Diese Übersicht wissenschaftlicher Tatarenmeldungen ließe sich fast beliebig verlängern. Offenbar benötigt der Mensch in Friedenszeiten zu seiner Existenz ein gewisses Quantum Sorgen. Im Mittelalter fürchtete er das »Jüngste Gericht« und bangte um seine »ewige Seligkeit«. Jetzt giert er nach dem »Jüngsten Gerücht« und krankt, wenn der Nervenkitzel entfällt. Wir machen uns Sorgen, wenn wir keine haben. Oder geht es nur darum, der Geschwätzigkeit immer neue Themen zu schaffen?

Propheten der Technik

Die Propheten eines nahen Weltuntergangs, und zu ihnen haben auch fast alle großen Religionsgründer gehört, sind an Zahl kaum noch zu übersehen. Als der »Club of Rome« seine düsteren Aussichten verkündete, sah er letzten Endes auch eine Art von Weltuntergang, wenigstens für die menschliche Zivilisation, voraus, und das mag es erklären, warum seine Anhängerschaft mit fast religiösem Eifer auch die tollsten Behauptungen immer noch zu vertreten versucht. Prophetischen Glaubensbekenntnissen gleichen oft auch die politischen Thesen und Zukunftsperspektiven, die sich dann alsbald als ebenso wertlos erweisen wie die Horoskope der Tageszeitungen. Allzuoft geht eben die Phantasie mit denen durch, die das eine oder andere nur zu gerne glauben möchten. Doch vergessen wir darüber nicht, daß das Alltagsleben wie auch die Wissenschaft der Phantasie dringend bedarf. Wissenschaft und Technik laufen eigentlich der Phantasie immer hinterher, eilen unseren Wunschträumen nach.

Lange bevor es ein brauchbares U-Boot gab, Jahrzehnte eher, als der Mensch den Mond betrat, schrieb der französische Schriftsteller Jules Verne (1828–1905) den Roman »20 000 Meilen unter dem Meer« (1870!) und das Buch »Von der Erde zum Mond« (1865!). Er begründete damit die uns heute so geläufigen utopisch-technischen Abenteuererzählungen, modern »Science-fiction-Literatur« genannt. Was er in seiner Phantasie erdachte, haben wir heute, oft erst in bescheidenem Maße, in technische Wirklichkeit umgesetzt.

Den Zeitgenossen von Jules Verne mag es vor seinen Vorhersagen gegraust haben, so wie wir zweifelnd und schaudernd vor den Zukunftsvisionen der heutigen utopischen Schriftsteller zurückschrecken, doch was ist unmöglich? Da sind etwa die visionären Bilder des US-Biochemikers Isaac Asimov (geboren 1920 in der UdSSR). Kein Zweifel, Asimov ist ein hochqualifizierter Wissenschaftler (Promotion 1948 an der Columbia-Universität); er lehrte das Fach Biochemie, schrieb Bücher über Mathematik, Physik und Chemie und dann eben (seit 1950) auch Zukunftsromane, alles in allem etwa 130 Bücher. Seine wissenschaftlichen Leistungen sind anerkannt, die »ACS«, die »Amerikanische Chemische Gesellschaft«, verlieh ihm einen Preis! Er mag sich in seinen Geschichten gewiß gelegentlich irren – wem wollte man nicht einen Irrtum zugestehen – oder auch über das Ziel hinausschießen, aber letztlich bleibt für uns doch nur die Frage: Wann wird es so weit gekommen sein, wie es sich in seinen Büchern andeutet?

Werden wir einst ferne Planeten, gar andere Sterne betreten? Werden Menschen im Kosmos toten Kulturen begegnen? Wann werden wir fremde Arten von Lebewesen im All treffen? Wird es möglich sein, daß wir Moralbegriffe kennenlernen, die uns bisher verschlossen sind? Kurz gesagt: Wann wird uns der Kosmos drastisch beibringen, daß wir nur eine von vielen Daseinsformen im All sind? Oder bleiben die Phantasien der modernen Science-fiction-Autoren doch nichts als geistige Abenteuererzählungen, so vage wie die Märchen des Erich von Däniken? Weniger inhaltsreich als Sagen und Volksmärchen?

Wenn sich die Wissenschaft mit derlei Dingen auseinandersetzt, so erweisen sie sich allzuoft als reine Spekulationen halbgebildeter Geister, mag es dabei um die »Welteis-Lehre« des österreichischen Ingenieurs Hans Hörbiger (1910) oder die skurrile Idee des US-Infanterie-Hauptmanns J. C. Symnes von der Hohlwelt, in der wir angeblich leben sollten (1818), gehen. Die »Jünger« solcher Lehren haben über Generationen hin mit erstaunlichem Eifer die Überzeugungen ihrer »geistigen Väter« verfochten, fast so starrsinnig wie die Anhänger religiöser Heilslehren. Denken wir nur einmal daran, wie die düsteren Prophezeiungen des Nostradamus (1503–1566) bis in unsere Tage immer wieder als unfehlbare Zukunftsdeutungen zitiert werden. Gewiß, diesen großen Astrologen, zeitweise auch Leibarzt des französischen Königs Karl IX., umgibt eine gewisse Aura, aber es ist doch unsinnig, seine 1555 veröffentlichten Verse als geheimnisumwitterte Schicksalsdeutung von Krieg und Frieden auszulegen.

Saurer Regen – alter Schnee

Als man das Jahr 1852 schreibt, gelingt einem Chemiker in Manchester eine analytisch-chemische Meisterleistung: Er kann nachweisen, daß der in der Stadt niedergehende Regen Spuren von Schwefelsäure enthält, während in den Vororten unter anderem Ammoniumsulfat im Regen vorhanden ist. Eigentlich ist das zu erwarten, die Industriemetropole Manchester verbrennt unter ihren Dampfmaschinen ungeheure Mengen Steinkohle. Diese Kohle enthält Schwefelverbindungen, auch sie verbrennen und liefern u. a. das farblose, stechend riechende Gas Schwefeldioxid, SO_2, das mit Nebel und anderer Luftfeuchtigkeit erst schweflige Säure, H_2SO_3, dann Schwefelsäure, H_2SO_4, und mit dem gleichfalls industriebedingten Ammoniakgas endlich Ammoniumsulfat ergibt. Alles ist also chemisch in Ordnung, und selbst die Bauern können froh sein, weil ihre Äcker kostenlos den wertvollen Dünger Ammoniumsulfat (allerdings wenig) erhalten.*

Um 1872 kommt das Wort vom »Sauren Regen« auf, nie-

* Hier sei daran erinnert, daß die Weinbauern längs des Rheines bei der Elektrifizierung der Bahn nach Entschädigung riefen, da sie künftig die bislang kostenlose Schwefelzufuhr für ihre Böden (Lokomotivenrauch) verlieren würden!

mand denkt sich dabei etwas Böses. Erst am Anfang der siebziger Jahre unseres Jahrhunderts, mit dem wachsenden Umweltbewußtsein, wurde der »Saure Regen« zu einem Politikum. Da hörte man aus Schweden, zur Zeit der Schneeschmelze flösse saures Wasser in die Seen, und der Wald würde nicht mehr richtig wachsen. Und schon war auch eine Ursache gefunden: Die Industrieabgase Großbritanniens sollten schuld sein! War das möglich? – Kaum. Zwischen Großbritannien und Schweden liegen rund 1000 Kilometer Meer. Alle »Giftgase«, seien es nun Schwefeldioxid, Schwefelsäure, das Ammoniumsulfat, ja, auch der stinkende Schwefelwasserstoff, lösen sich begierig in Wasser. Auf dieser Strecke müßten also alle Abgase der britischen Industrie längst vom Meer aus der Luft herausgewaschen sein. Vorerst verstummten deshalb die Gerüchte. Das Faktum allein blieb: Der Regen in Schweden und auch in Norwegen war sauer, war kein sauberes Regenwasser mehr.

Ein großes Rätselraten begann. Kein Zweifel, gegen Ende des 19. Jahrhunderts hatten schwefeldioxidhaltige Abgase von Hüttenwerken auch in Deutschland zu allerlei Schäden und Mißhelligkeiten geführt. Im hochindustrialisierten Ruhrrevier war die Situation ausgesprochen schlecht gewesen, wenn auch nicht so kritisch wie in einigen Industriegebieten der USA oder Englands. Daß wir glimpflich davongekommen waren, hatte einfach am sparsameren Kohleverbrauch gelegen (ebenso in Holland und Belgien). Auch war bekannt, daß die Wetterbedingungen, Windstärke und Windrichtung sowie die Jahreszeiten die Abgasbelästigungen wesentlich beeinflußten. Im Maastal hatte es 1930, in Donora/Pennsylvania 1948 und in London 1952 bei ungünstigen Wetterlagen sogar Todesfälle gegeben, weil eine »Dunstglocke« die Frischluftzufuhr unterbunden hatte.

Auch war sehr bald eindeutig klargestellt, daß der Kohleverbrauch das meiste zum Sauren-Regen-Problem beisteuert, das Erdöl sehr viel weniger, während Motortreibstoffe fast gar nichts dazu beizutragen imstande sind.

Inzwischen bemächtigte sich die Politik des Themas, und

schon begann das neue Schlagwort vom »Waldsterben« die Runde zu machen. Was an absterbenden Bäumen vorgezeigt wurde, waren anfangs allerdings fast stets Fichten (»Weihnachtsbäume«), aber wer merkt das schon? Immer neue Redner erhoben sich, in Ausschüssen oder am Stammtisch, um soeben in der Zeitung Gelesenes mit eindrucksvoller Bestimmtheit als solide Wissenschaft auszugeben. Wer von ihnen erinnerte sich und seine Zuhörer dabei daran, daß das schwefelsaure Ammonium (Ammoniumsulfat), ein Salz der Schwefelsäure (!), als Nebenprodukt der großen Kohleverkokungsanlagen einst das gesuchteste Düngemittel der Welt gewesen ist? Kaum einer von ihnen hatte auch nur geringe Kenntnisse von Pflanzenkrankheiten, geschweige denn vom Pflanzenstoffwechsel, um den es ja letztlich ging.

Was ist »natürlich«?

Wer von den Rednern dachte daran, daß es im römischen Germanien beispielsweise einst riesige Rotbuchenbestände gegeben hat, die bis zum Beginn des frühen Mittelalters alle einer Pflanzenkrankheit erlegen sind? Der uns gewohnte Mischwald ist ein relativ neuer, künstlich erhaltener Aufwuchs.

Wer von all den geschwätzigen Nachrednern wußte, daß das »Tannensterben« bereits seit Jahrzehnten ein Spezialbegriff für eine seltsame, rätselhafte Krankheit ist, die die Weißtannen seit mehr als 200 Jahren periodisch überfällt? Eine Meinung wird nicht zu einer Wahrheit, nur weil man sie endlos lautstark wiederholt.

Die Forscher dagegen dachten erst einmal nach, ohne viel zu sagen. Konnte das »Tannensterben« wirklich vom Schwefeldioxid der Kohleverbrennung herrühren? Wie steht es denn überhaupt um das natürliche Vorkommen von Schwefelverbindungen in der Natur, in der Umwelt? Diese einfach scheinende Frage war gar nicht so leicht zu beantworten. Da verwittern ständig schwefelhaltige Mineralien, und frei werdendes

Schwefeldioxid steigt in die Atmosphäre; vom Grund von Sümpfen, Tümpeln und Teichen steigt Schwefelwasserstoff empor und wird zu Schwefeldioxid. Aus allem Schwefeldioxid wird schweflige Säure oder endlich gar Schwefelsäure – wie, sagt niemand exakt –, deren Salze dann irgendwo abgelagert werden, zumeist als Gips. Und dann zeigte es sich, daß Gips nicht nur seit mehr als 200 Millionen Jahren in den mineralogisch unterschiedlichsten Formen in unserer Erdkruste abgelagert wird, sondern offenbar auch in sehr wechselnden Mengen. Zeitweise muß es in der Luft der Erde viel natürliches Schwefeldioxid gegeben haben, dann aus unbekannten Gründen weniger.

Kein Zweifel, Schwefel wird in vielerlei chemischen Bindungsformen mittels verschlungener Kreisläufe durch die Atmosphäre, über Flüsse, Ozeane und Minerallagerstätten ständig in Bewegung gehalten, ist bald fest, gelöst oder gasförmig am Naturgeschehen beteiligt. Bei Vulkanausbrüchen werden sogar aus den Tiefen der Erde immer wieder große Mengen Schwefelwasserstoff und Schwefeldioxid den Kreisläufen hinzugefügt. Und das sind nun wirklich keine kleinen Quantitäten! Eine erste Schätzung ergab, daß allein die Vulkane des südamerikanischen Kontinentes täglich (!) 1000 Tonnen Schwefeldioxid in unsere Luft pusten. Nimmt man alle tätigen Vulkane der Erde zusammen, so erzeugen sie Tag um Tag etwa dreimal soviel Schwefeldioxid, wie in der Bundesrepublik Deutschland freigesetzt wird! Als man sich weiter mit den Vulkanen beschäftigte, ergab sich nebenbei eine überraschende Kuriosität. Da gibt es in Japan voll Wasser stehende Krater »toter«, also zur Zeit nicht ausbrechender Vulkane. Das Wasser solcher Kraterseen weist nun wirklich einen extrem hohen Säuregrad auf, aber in ihm leben dennoch Gemeinschaften von Pflanzen und Tieren.

Indessen gibt es noch mehr seltsame Beobachtungen. Saures Regenwasser fällt auch auf Hawaii! Dort gibt es nun wirklich keine Industrie- oder Heizwerkabgase, die man als Grund angeben könnte. Eher noch würde man vulkanischen Gaseruptionen die Schuld am Sauren Regen auf Hawaii geben wollen – doch was heißt hier »Schuld«? Die ganze Inselgruppe ist schließlich ein blühendes Tropenparadies, trotz saurem Regenwasser!

Ein weiteres Beispiel: Im Indischen Ozean liegt, mitten zwischen Afrika und Australien, etwas nördlich des 40. Breitenkreises unserer Südhalbkugel, die Insel Amsterdam. Der Regen, der dort niedergeht, ist sauer! Weit und breit ist eine Wasserwüste und somit nicht die geringste Möglichkeit, daß Industrie-Schwefeldioxid im Spiel sein könnte.

Teure Propheten

Doch die Anti-Industrie-Propheten, denen ihre Thesen wohl auch nicht mehr ganz geheuer waren, hatten schon nach neuen Sündenböcken gesucht und die Stickoxidabgase als Ergänzung gefunden. Nun war es also nicht mehr allein die Schwefelsäure, um die es beim Sauren Regen gehen sollte, sondern Salpetersäure kam hinzu. Das reichte aber immer noch nicht, und so wurde das »gefährliche« Ozon, das man zuvor in der hohen Lufthülle so dringlich hatte retten wollen, hinzugetan. Um alles ordentlich zu verwirren, fügten die Umweltbeflissenen zu ihrer alchimistischen Schadensliste nun noch Cadmium, Zink, Chrom, Blei und Nickel hinzu. Um ganz sicherzugehen, erwähnten sie dann noch Radarschäden und »unbekannte Faktoren«. So, nun sollte ihnen erst jemand beweisen, daß sie im Unrecht seien!

Was läßt sich an Erfolgen dieser Irreführungskampagnen verbuchen?

- ○ Man hat viele Leute verunsichert und eine erfolgreiche grüne Wahlparole gehabt.
- ○ Die Industrie und Kraftwerke werden zur »Luftreinhaltung« viel Geld ausgeben müssen – welchen Propheten schert es schon, wenn das Leben seiner Gläubigen unbequemer und teurer wird?

○ Der deutsche Stromverbraucher wird die Schwefelabscheidungsaggregate seiner Kraftwerke abzahlen müssen. Bei Ostwind kommen die Abgasdüfte weiter unkontrolliert und zollfrei über die Landesgrenzen. Bei Westwind ebenso. Der Saure Regen wird deshalb bleiben. Die Tannen werden sterben wie eh und je.

Vielleicht sollte man die Wälder düngen, mit Magnesium-, Calcium- und Kalisalzen. Jeder Bauer weiß, daß auf einem ungedüngten, jahrzehntelang von Pflanzen ausgepowerten Boden kein gesunder Pflanzenwuchs mehr möglich ist. Unsere Wälder sind ebenso unnatürliche Monokulturen wie Wiesen und Äcker, sie bedürfen der gleichen Pflege. Warum wohl zeigen sich keine dem »Tannensterben« ähnliche Erscheinungen bei Pflanzen auf gedüngten Kulturflächen?

Übrigens: Wenn unsere Luft wirklich so schlecht wäre, wie es die »Umweltschützer« meinen, sollten sie sich dann nicht eher um ihre und unsere Lungen bemühen als um Tannennadeln?

Nur nebenbei wollen wir auch noch vermerken, daß das Wort vom »Tannensterben« nur eine Abwandlung des altbekannten Schlagwortes vom »Ulmensterben« ist. Das Ulmensterben, die älteren Bäume werfen plötzlich die Blätter ab und gehen binnen weniger Wochen ein, begann 1919 in Holland. Seither wurde diese Erscheinung überall in Europa, in Nordamerika, ja, selbst im Innern Rußlands beobachtet. Zum Unterschied vom Tannensterben kennt man bei der Ulmenkrankheit einen Erreger: Es ist ein Pilz, der im Saftsystem der Ulmen wächst und den Wasserstrom zur Blattkrone des Baumes blokkiert. Verbreitet wird die Ulmenkrankheit durch einen kleinen Käfer, den sogenannten Ulmensplintkäfer. Die Käferweibchen legen ihre Eier gerne in die Rinde kranker Ulmen. Schlüpfen aus den Eiern die Larven, so sind sie bereits mit dem Pilz infiziert, und wenn später junge Käfer die kranke Ulme verlassen, so fressen sie Blattwerk anderer Ulmen an, und über die Fraßstellen infizieren sie die nächste Ulme mit dem Pilz. Wie weit ein ähnliches Geschehen vielleicht auch beim Tannensterben mitspielt, bleibt abzuwarten.

Besonders eindrucksvoll ist der Fall »DDT«. Dieses Insektizid – sein Entdecker, der Schweizer Paul Hermann Müller (1899–1965), erhielt 1948 den Nobelpreis für Medizin – hat ein neues Zeitalter eingeleitet, daran gibt es keinen Zweifel. Mit dem DDT wurde die Malariamücke fast völlig besiegt. Die Malaria schien schon eine vergessene Krankheit zu sein, als triumphierend herausposaunt wurde, es sei den analytisch arbeitenden Chemikern nun sogar gelungen, DDT und seine Abbauprodukte im Eis der Antarktis nachzuweisen. Ohne Zweifel war das eine analytische Glanzleistung – aber wie kam DDT in die Antarktis? War etwa der ganze Globus schon mit DDT »verseucht«?

Gleichzeitig mehrten sich in der Öffentlichkeit die Nachrichten, DDT sei eine sehr stabile Verbindung (wie hatten sich die Chemiker und Biologen anfangs darüber gefreut!), und in Spuren sei sie sogar schon im Körperfett von Tier und Mensch (!) zu finden. Aber – das könnte eventuell in Zukunft gar zu Nervenschäden führen? Kurz: Die Angst brach aus, und die Furcht wurde kolportiert. Ein Gerücht wurde durch das nächste abgelöst. Für alles und jedes, was fragwürdig schien, mußte das DDT herhalten. Vielleicht sind einige Raubvogelarten wirklich fast ausgestorben, weil die Schalen ihrer Eier aufgrund von DDT-Ansammlungen im Körper der Vögel so dünn waren, daß sie nicht ausgebrütet werden konnten. Chemisch exakt bewiesen wurden solche Behauptungen damals kaum.

Sicher ist nur eines: Bis heute ist kein einziger Mensch an der Verwendung von DDT gestorben – aber viele Jahre sind Millionen Menschen durch DDT vor der Malaria bewahrt worden! Heute, da DDT aus angeblichen Umweltgründen weltweit verboten ist, erobert die Malaria ihren alten Platz unter den Tropenkrankheiten zurück. Das haben die Propheten der DDT-Umweltgefahr zu verantworten! Es mag makaber klingen zu fragen, ob uns menschliches oder tierisches Leben wertvoller ist, ob uns einige Vogelarten mehr bedeuten als Zehntausende von Malariatoten und Hunderttausende von Malariakranken. In Indien hat man einfach die Konsequenz gezogen und eine eigene DDT-Produktion aufgenommen.

Bleibt zu vermerken: Die Natur hat, um die »natürliche« Anzahl von Malariakranken und Malariatoten wieder zu erreichen, einfach die menschliche Unvernunft als entscheidenden Faktor ausgespielt . . .

Vernunft und Dummheit – eines jedenfalls ist gewiß: Einsichten und Erkenntnisse lassen sich nur mühsam lehren und schwer begreifen. Wenn dagegen eine Gruppe oder Partei mit einer eingängigen Parole auf der Straße Widerhall findet, eine handliche »Wahrheit« verkündet, der viele zustimmen, so sollte man sich stets vorsichtig fragen: Wer verdient dabei? Leo Szillard (1898 – 1964), dieser hochbegabte Kernphysiker, hat einmal das Fazit gezogen: »Selbst wenn wir den demokratischen Grundsatz, daß ein Dummkopf so gut ist wie ein Genie, annehmen, ist es dann notwendig, noch einen Schritt weiter zu gehen und zu glauben, zwei Dummköpfe seien besser als ein Genie?«

Übrigens: Demokratische Beschlüsse sind für die Natur nicht bindend.

Leben mit dem Risiko

Hat je ein Prophet eine Katastrophe wirklich klar und treffend vorhergesagt? Gewiß, nachträglich ist dieses oder jenes prophetische Wort passend ausgedeutet worden. Nicht erst seit unseren Tagen leben große Organisationen von hintergründiger Schriftdeutung, mag es sich um religiöse Dinge oder um politische Weisheiten handeln. Die harten Reaktionen der Natur gegen unsere technischen Entwicklungen haben uns jedenfalls fast immer überfallartig und unvorbereitet getroffen. (Wir wollen hier einmal von Smog und derlei Plagen absehen, deren Zunahme jeder denkende Mensch voraussehen konnte.)

Nehmen wir als Beispiel für die Überraschungen, die die Natur uns bietet, das Thalidomid, die sogenannte »Contergan-Katastrophe«. Da ist ein Arzneimittel, schier endlos geprüft auf Wirksamkeit und eventuelle Nebenwirkungen, in den internationalen Arzneimittelschatz aufgenommen und seit vielen Jahren in Tausenden und Abertausenden von Fällen bewährt. Bis, ja, bis am 18. November 1961 ein Genetiker statistisch beweist: Die jetzt an vielen Neugeborenen aufgetretenen Mißbildungen der Gliedmaßen gehen auf die Einnahme dieses Arzneimittels durch die Mütter zurück. Niemand hatte mit einer solchen Möglichkeit gerechnet, ja, nicht einmal rechnen können, denn die Lehrmeinung besagte bis dahin, daß nur im Körper der Mutter vorhandene Einflüsse (endogene Faktoren) zu Mißbildungen Anlaß sein könnten. So tragisch hier die Natur eine Gegenreaktion auf ein anerkanntes »Heilmittel« deutlich machte, so groß war auf der anderen Seite für uns die neue wissenschaftliche Erkenntnis mit der weiteren Folge: Wir müssen Arzneimittel künftig auch auf solche Möglichkeiten prüfen, bevor wir sie verwenden.

Ein weiteres Beispiel: Da explodiert in Frankreich der Keller eines neuen Hauses. Eine Gasexplosion, zweifellos, aber wieso? Messungen weisen in vielen Kellern der neuen Siedlung Methan nach. Woher? Die Häuser stehen auf einer längst vergessenen Müllgrube, einer Uraltdeponie, wie es die Fachleute nennen, und die entwickelt nun erst, nach vielen Jahren, Methan. Kontrollen zeigen, daß es bei vielen anderen alten Deponien genauso ist. Man hat wieder einmal dazugelernt.

Seveso! Was ist geschehen? Ein chemischer Prozeß, bekannt und bewährt, nimmt eine falsche Richtung. Materialfehler? Menschlicher Irrtum? Die Ursache spielt letztlich keine Rolle. Jedenfalls wird am 10. Juli 1976 kurzfristig ein winziges Nebenprodukt der Umsetzung in Mengen gebildet, Dioxin, eine Verbindung mit dem offiziellen Namen Tetrachlor-dibenzo-para-dioxin.* Tote Schafe, kranke Menschen, Evakuierungen,

* In den im Frühjahr 1983 »berühmt« gewordenen 41 »Seveso-Fässern« waren insgesamt nur rund 200 Gramm Dioxin, nicht verdampfend, nicht in Wasser löslich, keine akute Gefahr bedeutend!

Sperrzonen, Gerüchte, Prozesse, Aktenberge. Dann die Angst: Ist Dioxin nicht auch in Entlaubungsmitteln gewesen, die von den USA im Vietnamkrieg eingesetzt worden sind? Hat es dort nicht auch verkrüppelte Neugeborene gegeben? Ist es dort nicht zu unmenschlich scheinenden Zuständen gekommen, die auf Dioxinwirkungen beruhen? Doch in den USA selbst diskutiert man nur. Vietnam, ja, bedauerlich, aber sonst sind wir ja nicht betroffen. Die Nachricht, daß eine ganze Kleinstadt im Bundesland Missouri, Times Beach genannt, als dioxinverseucht geräumt und abgerissen werden muß, trifft dann die USA Anfang 1983 wie ein Schlag! 437 Häuser plus 364 stationäre Wohnwagen plus 40 bis 50 Geschäfte muß die US-Umweltbehörde aufkaufen, 2500 Menschen umsiedeln, denn: Vor zehn Jahren sind die ungeteerten Ortsstraßen mit Altöl behandelt worden, das Dioxin enthielt! Gleichzeitig kommen wieder die Tausende illegaler Chemiemülldeponien in die Diskussion; etwa 100 von ihnen sollen Dioxin enthalten, von anderen ist bekannt, daß sie bedenkliche Konzentrationen an Schwermetallen enthalten, die in Bäche, Flüsse und Seen ausgelaugt werden. – Den Seveso-Unfall hat niemand vorhersehen können und niemand vorhergesagt und um die miserablen US-Umweltschutzverhältnisse sich ernsthaft niemand verantwortlich gekümmert.

Auch in Japan, dicht besiedelt und auf Industrie und Export angewiesen, ist es zu erschreckenden Katastrophen gekommen. Im Jahre 1956 begannen die Bewohner der Stadt Minamata zu erkranken. Eine ganze Reihe körperlicher und geistiger Gebrechen befiel die Bevölkerung, und es gab auch Tote. Neugeborene wiesen Mißbildungen auf. Vergleichsweise rasch wurde die Ursache erkannt. Die Bevölkerung lebte großteils von Fisch, und der enthielt, aus Industrieabwässern, Methylquecksilber. Man hätte nun gewarnt sein sollen, doch zu Beginn der sechziger Jahre folgte schon der nächste Fall einer Schwermetallvergiftung, und zwar im Verwaltungsbezirk Toyama. Die Knochen der Erkrankten waren brüchig, Verkrüppelte gab es in großer Zahl, heftige Schmerzen peinigten die Betroffenen, einige Menschen starben. Es handelte sich vermutlich um eine große Cadmiumvergiftung.

Auch die alten Industriestaaten Europas leben mit dem Risiko. Weil die Bevölkerungsdichte hoch ist, muß jeder Fehler auch mit höheren Folgen einhergehen als etwa in den USA. Und gesündigt hat man auch hier genug. Da sind etwa die auf den mittelalterlichen Silberbergbau im Harz zurückgehenden Schäden. Die Erze wurden erst in einem »Pochwerk« zerkleinert und die unerwünschten Mineralien dann ausgeschwemmt. Das »Waschwasser« aus den Zerkleinerungsanlagen floß in die Täler, erreichte Bäche und Flüsse, der Mineralgehalt setzte sich ab, wurde zuzeiten von Hochwasser auf Felder getragen und bildete dort örtlich Lehmschichten, deren Zinkgehalt so hoch ist, daß er fast einer Zinkerzlagerstätte gleichkommt und rentabel abgebaut werden könnte. Mit Blei- und Kupfererzen ging es ähnlich, auch sie reicherten sich in den Tälern an. Wo dort heute Hafer, Roggen und Gerste angebaut werden, wachsen die Halme nur kümmerlich. Etwa 40 bis 50 Quadratkilometer Land sind auf Dauer geschädigt.

Wir könnten uns nun auch mit dem Schwermetallgehalt von Flüssen, Hafenbecken und anderen Gewässern beschäftigen, etwa mit dem berühmt gewordenen Cadmiumgehalt des Neckars, aber es gibt ein Thema, welches viel wesentlicher als dieser oder jener »Umwelt«-Skandal ist. Es betrifft unseren Berufsalltag – und das Phantastische daran ist, niemand regt sich darüber auf! Nehmen wir einmal an, Sie stünden vor der Berufswahl. Da werden abgewogen Verdienst, Ansehen, Zukunftschancen, Altersversorgung und vielleicht auch das eventuelle Berufstalent und vorhandenes Wissen, aber nach den gesundheitlichen Berufsfolgen und eventuellen Berufskrankheiten fragt kaum einer. Dabei läge es doch auf der Hand, nicht nur zu überlegen, was man für den Verkauf seiner Lebenszeit und Fähigkeiten erhält, sondern auch, wie gesundheitsschädigend die betreffende Arbeit ist. Unsere Gesundheit und Wohlbefinden werden doch wahrhaftig mehr durch jahrzehntelange monotone Arbeit als durch mehr oder minder gewichtige Umweltfaktoren beeinträchtigt. Denken wir nur einmal an den Krebs. Die Berufsgenossenschaft der chemischen Industrie beispielsweise registrierte Krebserkrankungen durch die Einwirkung von

- aromatischen Aminen (besonders auf die Harnwege),
- Ruß,
- Rohparaffin,
- Teer,
- Pech,
- Anthracen und ähnliche Stoffe,
- Arsenverbindungen,
- Halogenkohlenwasserstoffen (vor allem Vinylchlorid!),
- Benzol,
- Chromverbindungen.

Daß der Umgang mit Asbest gefährlich ist, weiß heute (fast) jeder, daß Staub, sogar Hausstaub, nie unbedenklich ist, ist Alltagswissen. Aber denken wir nun nur einmal an den Abrieb von Autoreifen oder der geteerten Straßen – wo bleibt alles dieses Material? Inwieweit ist es für den beruflichen Autofahrer, der es tagtäglich mit seiner Belüftung in den Wagen saugt, gefährlich? Jeder kann weitere Beispiele aufzählen. Wenn wir leben wollen, müssen wir dann wirklich mit unserer Gesundheit bezahlen und nicht nur unsere Lebenszeit fremden Arbeitgebern verkaufen?

Kernenergie – wir müssen noch lernen!

Fast tagtäglich wird uns versichert, die Kernenergie-Erzeugung sei relativ ungefährlich. Jede erdenkliche Sicherheit sei mehrfach in die Anlagen eingebaut. Das ist gewiß auch der Fall, doch es handelt sich hier um eine neue Technologie, und was neu ist, kann nie von vornherein völlig überschaubar sein. Die Augenzeugen der ersten Atombombenversuche in den USA und der dann folgenden Atombombenversuche im Pazifik glaubten auch, »sicher« zu sein, und dennoch laufen jetzt in den USA die Prozesse jener, die heute an Bluterkrankungen leiden, die sie sich mit sehr hoher Wahrscheinlichkeit damals durch Strahlung zugezogen haben. Neben Leukämie sind auch Schilddrüsenerkrankungen nicht ungewöhnlich. Der »Fallout«, der radioaktive Niederschlag der Nevada-Atomversuchsexplosionen der Jahre 1951 bis 1958, läßt sich heute noch, viele hundert Kilometer weit vom Versuchsgelände entfernt, messen. Die Experten sind sich nicht einig darüber, ob die Mengen bedrohlich sind oder waren.

Erst im Frühjahr 1983 wurde bekannt, daß wir bereits eine Reaktorkatastrophe erlebt haben, von der einige sagen, daß sie vielleicht das größte Umweltdesaster unseres Jahrhunderts ist: Der Brand im Windscale-Reaktor (Großbritannien) von 1957! Dieser Reaktor produzierte damals in einer Kernreaktion aus Bismut das Element Polonium, das gemeinsam mit Beryllium als Zünder für Atombomben gebraucht wurde, genauer gesagt: das Polonium-Isotop 210. Dieses Polonium-Isotop ist ein starker α-Strahler, es setzt so viele α-Teilchen frei, daß man ein Stückchen Polonium im Dunkel grün leuchten sehen kann. Die Chemie des Poloniums war 1957 in den Grundzügen bekannt, aber größere Mengen herzustellen war noch nie notwendig gewesen.

Was war geschehen?

Am 9. Oktober 1957 überhitzte sich der Reaktor Nr. 1 in Windscale, es war ein graphitmoderierter Reaktor. Gegen 2.15 Uhr in der Nacht betrug die Temperatur an einigen Stellen 400 °C. Man beschloß, den Reaktor zu kühlen, aber das gelang so rasch nicht. In den frühen Stunden des nächsten Tages fand man eine ungewöhnlich hohe Radioaktivität in den Filtern des 120 Meter hohen Abgaskamins. Um Mittag entdeckten die Meßgeräte Radioaktivität auf dem Dach der meteorologischen Station – und das war nun wirklich ungewöhnlich und gänzlich unerwartet. Irgend etwas im Innern des Reaktors mußte begonnen haben, entsetzlich schiefzulaufen. Gegen Mittag war die Radioaktivität im Abgaskamin wesentlich gestiegen. Um 1.38 Uhr früh, am 11. Oktober, war die Temperatur im Reaktorinnern weiter gestiegen und hatte 1300 °C erreicht! Radioaktives Material begann mit dem Abgas aus dem Kamin aufzusteigen. Unglücklicherweise wurde es vom Wind über ganz England in Richtung Europa getragen (am 13. und 14. Oktober registrierte man in Delft/Holland extreme Radioaktivitätswerte). Sogleich konzentrierte man sich auf die Messung des austretenden radioaktiven Isotopes Jod-131. Es schlug sich auf Wiesen und Weiden nieder; viele Wochen lang wurde die Milch der Kühe von diesen Weiden nur gesammelt und dann vernichtet; es bestand die Gefahr der Anreicherung in menschlichen Schilddrüsen. Die Radioaktivität des frei gewordenen Jods entsprach der einer Menge von 20 Kilogramm Radium! Hinzu kamen vergleichsweise geringe Quantitäten an radioaktivem Caesium, Strontium, Ruthenium, Zirkonium, Niob und Cer »zusammen mit Polonium-210«.

Als alles vorbei war, der Reaktor wieder unter Kontrolle, ergab sich, daß noch erhebliche Radioaktivitäten von Tellur und Molybdän dazuzurechnen waren, doch erst ganz langsam wuchs die Erkenntnis, daß alle diese radioaktiven Elemente nicht so gefährlich gewesen sind wie die vergleichsweise kleine Menge des Polonium-210. Wir wollen uns hier nicht mit langen Reihen spezieller Strahlungswerte abmühen, sondern nur eines festhalten: Es scheint, daß allein in Großbritannien bis zu 1200 Leukämietote als Folge des Windscale-Reaktorunfalles rechnerisch möglich sind. Pessimisten glauben gar an noch weit höhere Zahlen. Jedenfalls mag es Tote gegeben haben.

Nein, die Propheten der »sicheren Kernenergie« haben bereits geirrt, und was die technischen Vorsichtsmaßnahmen angeht: Wie war es mit dem Three-Miles-Island-Reaktor (Pennsylvania) oder dem Salem-1-Reaktor (New Jersey), bei dem im Frühjahr 1983 in drei Tagen zweimal die Sicherheitsvorrichtungen ausfielen? Eine neue Technik ist nicht, wird nicht und kann auch nie von Anbeginn an vollkommen, gar »ausgereift« sein.

Fortschritte, wenn sie nicht sinnlose Änderungen sind, müssen mit Opfern bezahlt werden. So will es die Natur.

Sind wir bedroht? In Fischen in der Irischen See, ja auch im Nordatlantik, kann man bereits Plutonium in Spuren nachweisen. In den Ablagerungen am Grund des Muroroa-Atolls, wo Frankreich seine Atombomben testet, werden etwa 800 Gramm (!) Plutoniumreste vermutet. Das Gerücht geht um, die Menge des bei Atombombenexperimenten weltweit verstreuten Polonium-210 müsse, statistisch gesehen, für etliche zehntausend Radioaktivitäts-Todesfälle verantwortlich sein oder doch werden. Gegenüber der gesamten Erdbevölkerung mag das »politisch gesehen« ein Nichts sein, doch wie steht es um das Leben und Lebensglück des einzelnen Menschen, der eben davon betroffen ist?

8. Kapitel:
Auf einem kleinen Planeten zu Hause

Dem Propheten einer neuen Religion bleibt üblicherweise jeder Beweis erspart. Wenn sich einige mittlere Wunder einstellen, so ist das bereits eine große Hilfe; wenn das irdische Schicksal des Propheten miserabel verläuft, so ist das der Verbreitung des neuen Glaubens sogar eher nützlich als schädlich. Wenn eine neue politische oder wirtschaftliche Glaubenslehre verkündet wird, so können Anfangserfolge auch zu beachtlichen Hilfen werden; die weltweite Ausdehnung der Lehren des Deutschen Karl Heinrich Marx (1818 – 1883), des vielleicht erfolgreichsten Propheten der Neuzeit, belegt das. Ein neues naturwissenschaftliches Gedankengebäude zu errichten, ist dagegen schier unmöglich, denn es läuft vom ersten Tage an Gefahr, durch eine einzige Messung oder Berechnung aus den Angeln gehoben zu werden. Die immer wieder einsetzenden Angriffe auf die Lehren Einsteins verdeutlichen dies unserer Generation.

Doch ist das ein Wunder? Die exakten, messenden und registrierenden Naturwissenschaften sind eben erst 200 Jahre alt. Da sind noch so unendlich viele Fragen offen! Immer dann, wenn einige dieser Fragen beantwortet sein werden, wenn ein entscheidender Wissenszuwachs erreicht ist, wird man zuerst das Grund- und Wissensgerüst der Naturwissenschaften, dann das wirtschaftlich-politische und endlich auch das religiöse Glaubenskonzept neu überdenken – und neue Propheten, Weise oder Seher werden sich erheben, und der Zehnmillionste unter ihnen wird uns (vielleicht) ein neues Weltbild geben. Das neue Bild wird stets einfach sein, sonst wird es von der Menge nicht angenommen werden; wir glauben ja alle zu gerne, Gesetze müßten einfach und verständlich sein, obgleich wir doch um uns herum überall Individualität sehen. Kein Stein ist wie der andere, genau gesehen gibt es in der Praxis nur Ausnahmen.

Jede neue Lehre muß in sich widerspruchsfrei und mit dem Wissensstand ihrer Zeit vereinbar sein. Folglich wird auch immer dann eine neue Lehre entstehen, wenn diese Übereinstimmung nicht mehr gegeben ist.

Schier unendlich viel bleibt uns auf der Erde noch zu erforschen. Vieles, was unsere Existenz bedroht, ist uns noch unklar. Denken wir nur an die Vulkane, die für ganze Landstriche eine ständige Bedrohung sind. Wer kann sagen, wann welcher Vulkan unvermutet ausbrechen wird, wohin sich die Lavaergüsse wenden werden, wo Aschenwolken Felder, Äcker und Städte bedecken können – wie etwa der Vesuv im Jahre 79 n. Chr.

Ein unsicherer Boden

Ein Erdbeben kündigte den Ausbruch an. Die Städte Pompeji und Herculaneum sind blühende Ortschaften, liegen in der fruchtbaren Ebene vor dem Hang des Vesuvs. Landhäuser und Gärten erstrecken sich weithin. Wie jeder Tag beginnt der 5. Februar 63 n. Chr. in Ruhe, durchläuft die Geschäftigkeit des Vormittags, man will die Mittagsmahlzeit einnehmen, als die Erde zu grollen beginnt. Vom Vesuv her laufen Bodenwellen zum Meer hin, die Erde bebt. Wenige Augenblicke wanken in Pompeji der Jupiter-Tempel, der Apollo-Tempel, der Isis-Tempel, die Säulenhallen, schwanken – und stürzen zusammen. Kaum ein Gebäude bleibt ohne Schäden. Tote und Verwundete, fliehende Menschen zwischen den Trümmern. In Herculaneum die gleiche Situation, große Verluste an Menschenleben und Bauwerken.

Die entscheidende Frage, weshalb die Erde gebebt hatte, stellte niemand. Erdbeben kommen in Süditalien vor, gar nicht so selten, weshalb darüber nachdenken? Der Vesuv lag ruhig da. Eine hohe, runde Bergkuppe (ohne einen Krater!), hoch hinauf bewachsen mit Weinstöcken, Bäumen, Feigensträuchern, begrünt und friedlich. Wir können nach unserem heutigen Wissen annehmen, daß Lava, aus der Tiefe aufsteigend, sich Raum zu schaffen begann. Langsam drängte ein flüssiger

Gesteinsbrei zur Erdoberfläche, zur Spitze des Vesuvs, und mit ihm ungeheure Dampf- und Gasmassen.

Mitte August 79, sechseinhalb Jahre später, bemerkte man erst einige kleine Erschütterungen des Bodens. Sie wurden stärker am 20. August, und einige Landleute wollten auch ein Grollen aus der Tiefe gehört haben, aber was bedeutete das schon? Am 22. und 23. August verspürte man nichts. Alles war friedlicher Alltag. Gerüchteweise hieß es später zwar, Vieh und Hunde seien unruhig gewesen, die Vögel stiller als sonst, doch sicher ist das nicht.

Ein furchtbarer Donnerschlag zerriß am Vormittag des 24. August die Stille. Vom Vesuv her knallte es, und wer hinsah, konnte erkennen, daß sich die Bergspitze gespalten hatte. Nun schien eine von Blitzen durchzuckte, feurig widerscheinende dunkle Rauchwand emporzusteigen, breitete sich aus, begann den Himmel zu verdunkeln! Nie zuvor hatte irgend jemand so etwas gesehen. Dann fielen aus dieser wirbelnden Rauchwand Steine, Erdbrocken und leichter, feiner Staub sowie bohnengroße Stücke Bimsstein, entsetzlich stinkend. Sintflutgleiche Regengüsse fielen, Gebäude wankten und brachen zusammen, Straßen wurden unpassierbar.

Der Rest ist bekannt. Pompeji wurde von Aschen und Bims zugedeckt, Herculaneum unter einer Schlamm- und Geröllschicht viele Meter tief begraben. Weitere kleine Ortschaften, einzelne Gehöfte und Villen verschwanden. Weltuntergang? Die wenigen, die es überlebten, werden es so empfunden haben.

Seither wissen wir, daß der Vesuv ein aktiver Vulkan ist, mag er auch jahrhundertelang Ruhe halten.

Bleiben wir beim Thema Erde bzw. Erdinneres. Was ist es denn, was sich im Innern der Erde befindet? Einst, in der Schule, haben wir gelernt, es sei ein metallischer Kern aus Eisen und Nickel, und dafür lassen sich in der Tat einige Argumente finden. In Wahrheit aber ist es wie immer, einleuchtende Argumente sind längst noch keine Beweise, und eine Theorie ist selten nur eine einzige Theorie: Tatsächlich gibt es rund acht oder, wenn man auch einige verschrobene Diskussionsvorschläge mitzählen will, gut ein Dutzend Meinungen darüber, woraus das Innere unseres Wohnplaneten besteht.

Dabei wäre es doch wirklich an der Zeit zu wissen, worauf wir denn eigentlich wohnen. Seit kurzem nämlich, es mag erst 250 oder 300 Millionen Jahre her sein, beginnt sich die Erdoberfläche, auf der wir leben, in die uns bekannten Kontinente zu zerteilen. Diese Landflächen entfernen sich voneinander, treiben auf tieferen Schichten, zerreißen weiter, bewegen sich mit geologisch erstaunlicher Geschwindigkeit. »Drift der Kontinente« nennen es die Fachleute, ohne viele Worte über die Ursache zu verlieren. Hängt das alles mit Vorgängen im tiefen Erdinneren zusammen? Vermutlich.

Aber es gibt Forschungsgebiete, die noch viel dringender angegangen werden müßten. Etwa die Erdbebenvorsorge unseres Lebensraumes. Mehrere Millionen Menschen sind in geschichtlicher Zeit Opfer von Erdbeben geworden oder haben Haus und Hof, Besitz und Existenzbasis verloren. Fast jeden Monat kommt es irgendwo zu einem größeren Erdbeben mit so erheblichen Schrecken und Schäden, daß selbst die Tageszeitungen davon berichten. Eine Ursache ist zweifellos die »Drift der Kontinente«. Trotz vieler Untersuchungen verfügen wir noch immer nicht über auch nur einigermaßen brauchbare Methoden zur Erdbebenvorhersage, die wenigstens den Schutz der Menschen garantieren könnten. Nicht einmal für die anerkannten »Erdbebengebiete« vermag die Wissenschaft bisher zuverlässige Vorhersagen zu liefern. Wenn es in den Hausmauern knistert, wenn die Balken ächzen, Geschirr wakkelt und Möbel zu rutschen beginnen, sehe jeder selber zu, wie er sich rette – das ist doch noch wie vor 2000 Jahren! Ist es den Stadtplanern wirklich noch unmöglich, in großen Städten systematisch Fluchträume, etwa als Parkanlagen, in ihre Überlegungen einzubeziehen? Stehen wir noch so sehr am Anfang, daß voraussichtlich einigermaßen sichere, überbreite Straßen nicht als Katastrophenstraßen zur Evakuierung gebaut und gekennzeichnet werden können?

Charles Darwin hat, als er im Jahre 1835 in Chile die Anden durchquerte, ein großes Erdbeben erlebt und bereits darüber nachgedacht, wie Häuser möglichst erdbebensicher gebaut werden sollten, und vermerkt, welch unterschiedlichen Widerstand Bauwerke gegen Erdstöße besitzen können. Dieses Erdbeben vom 20. Februar 1835 hatte um 10.30 Uhr am Vormittag begonnen und 70 Siedlungen zerstört. Die Schäden waren außerordentlich hoch, da das Beben an der Küste die Form eines Seebebens angenommen hatte. »Die ganze Küste war mit Holz und Möbeln überstreut, als wenn tausend große Schiffe gestrandet wären . . . Kurz nach dem Erdstoß sah man eine große Welle aus einer Entfernung von 3 bis 4 Meilen herankommen . . . Am oberen Ende der Bucht brach sie sich in einer furchtbaren Linie weißer Sturzwellen, die zu einer senkrechten Höhe von 23 Fuß über die höchsten Flutgrenzen anschwollen. Ihre Kraft muß erstaunlich gewesen sein, denn im Fort wurde eine Kanone mit ihrer Lafette, auf 4 Tonnen Gewicht geschätzt, 15 Fuß nach innen gerückt.«

Sein Bericht ist gewiß mit Interesse gelesen worden, doch wohl ohne besondere Anteilnahme für das vom Beben betroffene Land und seine Leute. Was ein großes Erdbeben bedeuten kann, wurde in Europa erst begriffen, als am 18. April 1906 in San Francisco die Erde bebte.

Der erste Erdstoß traf die Stadt unerwartet morgens um 5.14 Uhr. Es war der Morgen des 18. April 1906. Unerwartet? Man hatte längst gewußt, daß San Francisco erdbebengefährdet war. In weitem Umkreis hatte es bereits Dutzende von Beben gegeben, ja, in der Stadt selbst waren Häuser zusammengebrochen. Man sagt, es habe sogar bereits einen umfassenden Bericht von Wissenschaftlern über die gefährdete Lage der Stadt gegeben, er sei nur von Behörden zurückgehalten worden. Wie dem auch sei, jedenfalls war man unvorbereitet, und so kam es, wie es kommen mußte: »Ein fernes Rumpeln in der Erde kam brüllend näher, war unter dem Haus, unter unseren

Füßen. In der Wand entstand ein Riß, der sich vor unseren entsetzten Augen bis zu den Leisten unter dem Verputz ausdehnte.« »In Fußwegen und gepflasterten Straßen sprangen klaffende Spalten auf.« Das Beben richtete schwere Schäden an, dauerte aber nur wenig länger als zwei Minuten. Doch dann brach ein Großfeuer aus. Zwei Tage nach dem Beben war eine Stadtfläche von zwölf Quadratkilometern niedergebrannt, waren etwa 28 000 Häuser verschwunden und hatten mehr als 400 Menschen das Leben verloren.

Heute wissen wir, weiß auch jeder Bewohner von San Francisco, daß in eben diesem Augenblick die Stadt in einem Erdbeben untergehen kann, daß die Schäden unermeßlich sein werden, die Zahl der Toten wahrscheinlich nach Zehntausenden gerechnet werden muß – es gibt längst entsprechende Berechnungen! –, und dennoch wird die Stadt nicht geräumt. Welcher Kommunalpolitiker ist bereit, den Räumungsbefehl zu geben, auf die Gefahr hin, daß die Stadt noch zehn oder 20 Jahre unversehrt stehenbleibt?

Aber San Francisco wird untergehen, irgendwann einmal, und im stillen Kämmerlein werden dann einige Geophysiker leise flüstern: Hatten wir nicht immer wieder gewarnt? Warum hat man nicht auf uns gehört?

Sind Politik und Wissenschaft grundsätzlich unvereinbar? Weil Politiker nur dem gegenwärtigen Alltag zugewandt sind, Wissenschaftler aber sich um Zukunft und Vergangenheit bemühen?

Das alte Europa erhielt seine Erdbeben-Aufklärungslektion am 28. Dezember 1908.

Wenn in Sizilien die Erde bebt, bedarf es keiner langen Überlegungen. Entweder ist der Ätna wieder einmal ausgebrochen, oder es rollt ein Erdbeben über die Insel. Am frühen Morgen des 28. Dezember 1908 war es nicht der Ätna. Am schlimmsten betroffen wurde Messina. Zuerst hoffte man, es seien nur Gerüchte, alle Nachrichtenverbindungen mit der Stadt waren zerstört, doch dann bewahrheitete sich die Schreckenskunde: Die ganze Stadt war ein einziger Trümmerhaufen! Nach zwei kurzen, aber kräftigen Vorbeben war ein wellenförmiger Stoß – auf dem Meer hatte er zehn bis zwölf Meter hohe Wasserwände aufgetürmt – durch den Erdboden gelaufen, hatte alle Bauwerke schwanken lassen. Die Wände von Häusern, Kirchen und Hospitälern waren zerrissen worden und dann in Staubwolken zusammengekracht. Messina, einer der größten Häfen Italiens, war nicht mehr. Die wenigen Überlebenden verzweifelten, hungernd, ja ohne Wasser, verletzt und ohne Unterkunft. Erst russische und englische Marinesoldaten, es war die Zeit der Flottenmanöver, brachten entscheidende Hilfe. Wie viele Menschen in Messina umgekommen sind, hat sich nie exakt feststellen lassen, zumal die Stadt damals ein berühmtes Touristenziel war. Die amtliche Zahl von 83 000 Toten ist kaum übertrieben.

Seither sind wir uns bewußt, welchen Gefahren wir durch Erdbeben ausgesetzt sind. Das größte Erdbeben aus neuerer Zeit ist, den Opfern nach, vermutlich das Tangshan-Erdbeben gewesen, das 1976 China traf. Unbestätigten Angaben zufolge haben damals 700 000 Menschen das Leben verloren.

Was tut die Forschung? Gegen die Gewalten eines großen Erdbebens kann sie uns nicht schützen. Was aber möglich scheint, ist eine Verbesserung der Erdbebenvorhersagen. Vorschläge dazu gibt es mehrere. Schon besteht ein weltweites Netz von Registrierstationen. Zu ihm gehört unter anderem eine Tiefseestation östlich der japanischen Insel Hokkaido. Japan ist besonders erdbebengefährdet, da sich dort der Boden des Pazifiks unter die Driftscholle des asiatischen Kontinentes schiebt. Von den Tiefseeregistrierungen vor Japan, Wassertiefe 5480 Meter plus eine Bohrlochtiefe von 378 Meter, verspricht man sich interessante Aufschlüsse. Es mag noch einige Jahrzehnte dauern, bis die Geowissenschaftler weltweit exakte Erdbebenvorhersagen geben können, doch hoffen dürfen wir.

Schlichtweg beklagenswert sind unsere Kenntnisse über die Klimaentwicklung. Gewiß, wir dürfen hier nicht Klima und Wetter verwechseln. Niemand wird fordern, daß Wetterprognosen für vier oder gar acht Tage im voraus und richtig gegeben werden können. Für örtliche Verhältnisse gibt es da noch viel zu viele, an sich winzige, aber letztlich entscheidende Einflüsse, die eine Wettervorhersage unmöglich machen. Aber über die Gesamtklimatendenz, ob eine Eiszeit kommt oder nicht, ob sich die Austrocknung der Sahara weiter nach Norden und Süden breitmachen wird, ob einst Karthago und Sizilien wieder zu »Kornkammern« werden, darüber sollte sich doch etwas sagen lassen.

Nehmen wir das immer neue Thema Eiszeiten: Kein Zweifel, es hat sie gegeben, und die letzte ging vor 10 000 bis 12 000 Jahren zu Ende. Kommt nun eine neue Kältewelle auf uns zu? Dazu müßten wir erst einmal wissen, was die Ursache der Eiszeiten gewesen ist. Ach, es gibt wohl nur noch wenig, was hier als neu vorgeschlagen und mit scharfsinnigen Überlegungen herangezogen werden könnte: kosmische Staubwolken, Änderungen der Luftzirkulation, Wechsel in der Sonnenaktivität, Sonnenflecken, Kometenstaub, Staubwolken von Vulkanausbrüchen, Veränderungen in der Umlaufbahn der Erde um die Sonne usw. Auch die »Drift der Kontinente« wurde genannt: Wenn große Landmassen in Polnähe geraten, bleibt auf ihnen Schnee liegen, das Sonnenlicht wird zurück in den Weltraum reflektiert, die Erde wird also kälter, noch mehr Schnee bleibt liegen, immer mehr Sonnenstrahlung geht verloren, schließlich vergletschert die Erde.

Im Jahre 1983 endlich glaubte man nachweisen zu können, daß die Größe der Sonnenfläche in einer 76-Jahre-Periodizität um eine Winzigkeit schwankt. Nimmt man diese Schwankungskurve und rechnet noch die mögliche Wirkung des von Vulkanen ausgestoßenen Kohlendioxids und die des aus dem Verbrennen von Holz, Kohle und Öl stammenden Kohlendioxids hinzu, so erhält man in der Tat einen Kurvenverlauf, der der gemessenen Wärmekurve von 1880 bis etwa 1980 entspricht. Zufall? Eines jedenfalls bleibt erfreulich: Wenn wir unseren »künstlichen« Kohlendioxid-Wärmeanstieg nicht hätten, läge die Kurve ganz schön im Minus.

Leider bleibt ein bislang ungeklärtes Phänomen: Im Eis Sibiriens sind mehrfach Mammuts gefunden worden, deren Fleisch nicht verwest war, ja, deren Fleisch so frisch und gut erhalten war, daß Hunde es noch ohne Schaden verzehren konnten. Diese Mammuts müssen fast augenblicklich gestorben sein. Wie läßt sich das mit der Theorie eines langsamen Kälteanstiegs verbinden? Werden Eiszeiten vielleicht doch durch ein überraschendes Ereignis ausgelöst? Einen Kometeneinschlag? Durch riesige, dabei emporwirbelnde Staubwolken? Sonst hätten die Mammuts doch Zeit gehabt, in wärmere Gefilde auszuweichen.

Wir geben es nur nicht gerne zu, aber die Tatsache läßt sich nicht leugnen: Unsere Erde ist ein unfreundlicher Ort für Menschen. Da leben wir auf einem mäßigen Planeten, so jung, daß er noch nicht einmal eine feste Oberfläche besitzt, eigentlich noch nicht »fertig« ist. Erdbeben erschüttern seine Kruste. Vulkane, heiße Springquellen, Ebbe und Fluten und eine wechselnde Witterung gestalten die Landschaft so, wie sie es wollen. Wüsten und Urwald, Sümpfe und Moore, Hochgebirge und polare Eiskappen machen diesen Planeten weitgehend unbewohnbar. Stürme, mögen sie nun Orkane, Zyklone oder Blizzards genannt werden, Wasserhosen und Windhosen bringen weithin Tod und Verderben. Mikroorganismen, Viren, giftige Pflanzen und gefährliche Tiere streiten mit uns um Existenz und Lebensraum. Nein, unsere Wohnung im All ist für uns alles andere als ein geeigneter Lebensraum. Nie ist sie für uns ein Paradies gewesen, und nie wird sie es sein.

Und wie winzig sie ist! Man kann die folgende Rechnung aufstellen: Jeder Mensch atmet mit jedem Atemzug etwa 24 000 Millionen · Millionen · Millionen Stickstoffatome ein. In der Lufthülle gibt es aber rund 7000 Millionen · Millionen · Millionen solcher Atemzüge, also haben wir in unseren Lungen mindestens drei Stickstoffatome aus jedem der Atemzüge, den ein verstorbener Mensch irgendwo und irgendwann ein- und ausgeatmet hat. Selbstverständlich haben auch Mammuts, Saurier und andere Urlebewesen ebenso ihren Anteil an den Stickstoffatomen gehabt, die wir in eben diesem Augenblick in unsere Lungen füllen. So winzig also ist »unsere« Erde, daß wir selbst die Luft auf ihr immer neu benutzen müssen, seit das Leben existiert.

Leicht läßt sich eine ähnliche Rechnung für das Wasser machen. Daß das Wasser der Flüsse vom ersten Rinnsal in den Bergen bis zur Mündung ins Meer von mehreren Menschen nacheinander getrunken wird, wissen wir zwar, aber wir sollten es uns auch bewußtmachen.

Wie klein unser Lebensraum ist, ergibt auch die folgende Betrachtung. Die Oberfläche der Erde beträgt rund 510 Millionen Quadratkilometer. Ziehen wir davon die Wasserflächen der Ozeane ab, ferner die Wüsten, Hochgebirge und anderen Flächen, so verbleibt ein Rest von rund 100 Millionen Quadratkilometern. Das scheint immer noch eine gewaltige Fläche zu sein; doch vergleichen wir sie nun mit der Zahl jener Menschen, die bislang auf der Erde lebten, das sind etwa 60 000 000 000. Und schon sehen wir erstaunt, daß auf jedem Quadratkilometer bereits 600 Menschen beerdigt worden sind! In dichtbewohnten Zonen wie Mitteleuropa gewiß viel mehr. Wir leben in einem einzigen riesigen Friedhof! Wo immer wir ein Haus bauen, einen Acker pflügen, wir treiben Grabschändung; wir tun es unbedacht und altgewohnt.

Wem danach ist, der mag nun noch weiterrechnen, wie oft die verfügbare Oberfläche unserer Erde schon »durchgekaut« worden ist, doch das wäre sinnlos, da wir keine Vorstellung davon haben, wieviel die Pflanzen, Tiere und Mikrolebewesen verbrauchten (die auch wieder zu »Erde« geworden sind).

Alles Leben heißt verbrauchen, umsetzen; so leben wir, ja, so lebt die Erde selbst im Planetensystem. – Vielleicht ist das Leben selbst wenig, das Bewußtsein alles.

Ausblick

Wer Banknoten nachmacht oder verfälscht, muß mit harten Strafen rechnen, so ist es überall nachzulesen. Kein Gesetz aber bedroht das Nachahmen oder Fälschen wissenschaftlicher Arbeiten. Bis vor wenigen Jahrzehnten war so etwas auch einfach unnötig. Was die Wissenschaft mitteilte, konnte im Rahmen des Standes der Forschung uneingeschränkt als die reine Wahrheit gelten. Das war die Zeit, da noch der Goldstandard alle Werte bestimmte und inflationistische Tendenzen kaum eine Rolle spielten. Heute hingegen, wo wissenschaftliche Forschung nahezu ein Beruf wie jeder andere geworden ist, heute zweifeln wir, ob wir in einer wissenschaftlichen Mitteilung die Wahrheit lesen, und der Wert fast aller wissenschaftlicher Veröffentlichungen sinkt mindestens ebenso schnell wie der Wert einer Banknote. Nach zehn oder 15 Jahren bleibt nicht viel mehr als der Papierwert. Die Verantwortung mancher Wissenschaftler ist nicht mehr viel größer als jene eines Finanzministers, der seine Währung verschludern läßt.

Aber auch anderes hat sich seit der Jahrhundertwende geändert. Damals lag in einem ärztlichen Wartezimmer zumindest noch eine populärwissenschaftliche Zeitschrift aus. Heute – nur Nackedeis. Damals war »der kleine Dorfschullehrer« noch ein Apostel der Wissenschaft. Er sammelte Versteinerungen, legte Herbarien an, ordnete und sortierte die in seiner Umgebung vorkommenden Käfer und Schmetterlinge, untersuchte Moose und Farne, trieb Vorgeschichtsforschung, verfolgte den

Durchzug von Gewittern anhand sorgfältig geführter Aufzeichnungen und weckte das Interesse seiner Schüler an den Naturphänomenen. Daß wir dies heute missen müssen, wissen wir alle. Was ist die Ursache dieses erstaunlichen Wandels? Der Grad der Intelligenz ist nicht gesunken, Zeitmangel kann es auch nicht sein – im Gegenteil. Ist es etwa die Unverständlichkeit der wissenschaftlichen Resultate? Nein, noch nie zuvor haben sich Forscher so sehr wie in unseren Jahren bemüht, ihre wissenschaftlichen Resultate dem großen Publikum verständlich zu machen. Die Ursache liegt wohl eher in einer Übersättigung mit anderen Informationen, besonders aus der Unterhaltungsbranche und der Politik (was in gewissem Maße das gleiche ist), und der Einstellung des Achselzuckens: »Was geht's mich schon an?«

Ungeheure Mengen an exaktem Wissen haben wenige Generationen zusammengetragen, geordnet und gewertet. Einzelne große Forscher haben visionär Zusammenhänge erkannt oder doch geahnt und Wege gewiesen. Wissenschaftliche Forschungsgesellschaften stellten den Großen ihrer Zeit Geld, Institute und Helfer zur Verfügung, nachdem – leider besonders in Europa – Mäzenatentum gering wurde. Man mag darüber diskutieren, ob geplante und selektiv geförderte (anders geht es leider nicht) Forschung gut ist, ob derart nicht andere, vielleicht vortreffliche Forschungsfelder zurückbleiben, doch so bleibt wenigstens die Scharlatanerie in Grenzen; wie notwendig das sein wird, haben wir einleitend gesehen.

Daß Forschungsplanung und Forschungslenkung allzuleicht zweckgebunden ausgerichtet werden, daß von staatlicher Seite Geld lieber für militärische Forschungen als für zweckfreie Grundlagenforschung ausgegeben wird, ist wohl nur allzu verständlich. Wie tragisch der Ausgang werden kann, wenn politische Überlegungen an die Stelle einer unbeeinflußten Entwicklung treten, haben wir in den letzten Jahrzehnten gesehen: Da ist ein Land, ohne Rohstoffe, ohne Energiequellen, also allein angewiesen auf die Arbeitskraft, Bildung und Intelligenz seiner Bevölkerung – und es will überleben. Also werden neue Arbeits- und Bildungsformen, werden Schulen und Hochschulen geschaffen, um auch die bescheidensten Begabungen noch fördern zu können. Ein logischer Schluß, politisch einwandfrei, fast edel zu nennen, auch wenn hier wieder einmal »Bildung« mit der Vermittlung von speziellen Fachkenntnissen gleichgesetzt wird, was natürlich ein Irrtum ist.

Höhere weiterführende Schulen werden gebaut, dann Universitäten, und niemand fragt, wie groß denn wohl die so zu gewinnenden Intelligenz- und Begabungsreserven sind, die sich volkswirtschaftlich verwerten lassen. Professoren müssen her, die Studentenlawine rollt bereits! Alles muß nun organisiert und geregelt werden, es geht ja letzten Endes um Geld. Ein Wettlauf beginnt. An die Stelle des geruhsam studierenden, vielleicht sich bummelnd Bildung aneignenden Studenten tritt die reglementierte Teilnahme des Studenten an Vorlesungen, Praktika und Kursen. Zwischenexamen werden notwendig – wer denkt noch daran, daß es ehedem an deutschen Universitäten nur ein einziges Examen gab, die Doktorprüfung? Der auszubildende Student soll jetzt mehr und mehr Wissen erwerben, die Studienzeiten wachsen. Bald muß normiert werden, Normalstudienzeiten führen zu normiertem Wissen. Wo jemand studiert hat, wird gleichgültig, bei welchem Gelehrten er sein Wissen erwarb oder aus welchem Lehrbuch er es sich beschaffte, wird belanglos. Das Resultat: erst eine Professorenschwemme und dann ein wachsender Studentenberg, der Weg in ein akademisches Arbeiterproletariat ist vorgegeben.

Und was wird die Zukunft bringen? Wer wirklich begabt ist, wird sich nicht mehr entfalten können, wird in der Masse der Mitbewerber um Stellen untergehen. An die Stelle der Qualität hat man die Quantität gesetzt, tragisch, wenn es doch um Spitzenleistungen geht, von denen das Land leben soll. Mehr noch als das, für die Zukunft ist eine Gegenreaktion zu erwarten. Der Universitätszustrom der Studenten wird nachlassen, eine Professorengeneration wird dahingehen, und eine Lücke wird sich auftun. Nach entsprechender Zeit wird man das erkennen, und dann wird wieder eine übergroße Studentenlawine mit ihren Professoren »politisch« hervorgezaubert werden. Das akademische Leben wird zwischen hoffnungsvoller Überfüllung der Lehrsäle und ängstlichem Vermeiden der aussichtslosen Universitätsbildung periodisch zu wechseln beginnen. Die Propheten einer Bildungslücke haben eine Periodizität der Bildungsmöglichkeit geschaffen, die verhängnisvoll werden kann. Was uns wirklich fehlt, ist eine bessere Schulbildung, ist die Verbreitung naturwissenschaftlicher Erkenntnisse. Dazu aber müssen erst Verständnis für naturwissenschaftliche Denkformen und Begeisterungsfähigkeit für forscherisches Erleben geschaffen werden. Mit anderen Worten: Wenigstens ein bescheidenes geistiges Leben ist die Voraussetzung.

Wie steht es heute? Mehr oder weniger unbewußt schleppen wir immer noch seltsame Vorstellungen mit uns herum. Denken wir nur an die »heiligen« Zahlen 3 und 7 und die »Unglückszahl« 13. Sobald solchen Zahlen ein tieferer Wert zugeordnet wird, ist der Schritt bis zum Aberglauben nicht mehr groß. Erinnern wir uns hier nur einmal an die Astrologie, die, um funktionieren zu können, immer noch den Mond zu den Planeten rechnet. Oft werden aus Zahlenspielereien Lebensregeln entwickelt, gar Glaubenslehren. Kritisch zu werden beginnt es, wenn im nächsten Schritt die Anhänger solcher Meinungen andere zu bekehren versuchen, sei es am Stammtisch, auf einer Kundgebung oder in einem Hörsaal. Da wird erregt diskutiert um Ernährungsweisen, politische Einstellungen oder um Zukunftsaspekte. Bleibt solch ein Streit rein akademisch, geht es etwa um die Gültigkeit der Einsteinschen Relativitätstheorie oder die Natur des Lichtes, so stört das kaum unseren Alltag. Auch die Verkünder einer Hohlwelt-Theorie, der Welteis-Lehre oder des Besuchs von »Außerirdischen« auf unserer Erde werden kaum besonders ernst genommen. Politische Lehrmeinungen, mit Scheinargumenten propagandistisch gefüttert, bleiben zumeist in erträglichem Rahmen. Abwechslung der Meinungen ist wohl stets willkommen. Gefährlich werden da nur die angeblich friedfertigen Propheten. Ihre

Lehren haben oft böse Folgen. Die Kriege, die um den »ewigen Frieden« oder die »reine Lehre« geführt worden sind (und noch werden), kosteten Hekatomben von Menschenleben. Solche Auseinandersetzungen sind stets auch grausam und nutzlos. Wenn politische Hitzköpfe mit nationalen Emotionen sich einmischen, kann eine Weltkatastrophe unvermeidlich werden. Nichts ist so gefährlich wie ein Weltverbesserer. Es kommt hinzu, daß sich prophetisch nichts besser »verkaufen« läßt als die Vision eines nahen »Weltunterganges«.

Viele große Religionsgründer haben deshalb ein baldiges Ende der Welt vorausgesagt, bei dem ihre Anhänger dann relativ günstig abschneiden würden. Doch auch schon die Drohung, die Menschheit allein würde nicht länger überleben können, wie sie der »Club of Rome« ausstreute, hat, wie wir es erlebt haben, schon eine weite Resonanz. Selbst wenn ein »Umweltler« nur das Aussterben einer Pflanzen- oder besser noch einer Tierart verbreitet, so kann er hiermit noch heftige Diskussionen auslösen. Dabei ist das Verlöschen von Tier- und Pflanzengruppen durchaus normal im Verlauf der Naturgeschichte. Doch verurteilen wir wegen ihrer Prognosen weder Forscher noch Propheten, denn ohne Zweifel sind sie im Innern alle auf der Suche nach Wahrheit, Erkenntnis und Einsichten. Es bleibt ja doch belanglos, ob sich ihre Aussagen aus Experimenten oder Einfällen und tastenden Überlegungen herleiten. Selbst die Fälscher der Forschung sollten wir nicht gänzlich verurteilen. Auch unter ihnen gibt es oft genug kenntnisreiche und fleißige Leute, die nur aus einer Art fehlgelenkter, überschäumender Begeisterung sich dazu verleiten lassen, der Arbeit im Laboratorium »vorzugreifen«. Geplante wissenschaftliche Betrügereien, die es auch gibt, lassen sich so allerdings nicht verzeihen. Die Naturwissenschaften sind in unseren Tagen die mächtigsten Träger von Wissen. Es wird die Einsicht notwendig werden, daß solches Wissen nur wenigen, einer kleinen Elite, anvertraut werden darf. Doch der Stand unseres Wissens darf darum auch nicht überbewertet werden.

Unsere Situation bleibt schwierig, denn das Bewußtsein um

unsere Welt erwächst uns aus Quellen, die kaum miteinander vereinbar sind: Die Religionen, welcher wir auch immer angehören mögen, vermitteln uns das Bild einer Naturgeschichte, das veraltet ist. Unsere Schulen machen uns glauben, das naturwissenschaftliche Geschehen sei anschaulich, einfach erfaßbar und es gäbe kaum noch Probleme, was nun ganz bestimmt nicht der Fall ist. Forschung und Hochschulen dagegen demonstrieren uns an Einzelobjekten, wie bruchstückhaft unser Wissen ist und wie unüberschaubar der Fortschritt unserer Erkenntnisse wächst. Naturwissenschaftliche Laien verkünden selbstgestrickte Hypothesen, die sie mit zweifelhaften Behauptungen belegen und lautstark und mit Besessenheit verfechten.

Keine Religion und kein Glaube kann mehr der Menschheit oder gar dem einzelnen Individuum noch einen Gott-nahen Platz zuweisen. Nur das Gefühl der Demut gegenüber dem Schöpfer kann bleiben, ein Empfinden, das letztlich fast schon Anmaßung scheint. Größenmäßig und seiner Lebenszeit nach, ist der Mensch in der Welt ein Faktur Null geworden.

Auch für kommende Generationen wird der Satz des großen französischen Mathematikers Blaise Pascal (1623 – 1662) gelten: »Anfang und Ende der Dinge werden dem Menschen immer ein Geheimnis bleiben. Er ist ebenso unfähig, das Nichts zu sehen, aus dem er stammt, wie die Unendlichkeit zu erkennen, die ihn verschlingen wird.«

Der Verfasser möchte hier nicht schließen, ohne sich zu bedanken bei Zeitschriften wie »Nature« (Großbritannien) und »Science« (USA), bei wissenschaftlichen Gesellschaften, wie der Max-Planck-Gesellschaft oder der Deutschen Forschungsgemeinschaft, bei vielen Hochschullehrern und Freunden in der BRD, den USA, Israel und der UdSSR. Zu danken aber hat er auch der forschenden Industrie, besonders der chemischen Industrie, die ihm mit vielerlei mündlicher und schriftlicher Information half. Es bleibt – last not least – der Dank an viele Kollegen aus dem Kreise der Wissenschaftsjournalisten. Ihnen möchte er ein ganz besonders herzliches Dankeschön sagen.

Anhang: Zur Katastrophen-Theorie

Im Jahre 1856 stellt Ph. J. Beumer in einer »Naturgeschichte« die Geschichte der Erde und des Lebens so dar (Auszug:)

1. Leben	1. Das *»Urgebirge«*, das aus Kalk, Schiefer, Gneis und Granit besteht. Es enthält u. a. Silber, Gold, Zinn, Eisen und Blei.
	2. Darauf erwächst das *erste Leben*, »Schilf und niedrigstes Meeresthierleben«.
	3. Das *»Übergangsgebirge«* entsteht darüber als neue Erdschicht und bildet das *»Grab des ersten Lebens«*. Das Übergangsgebirge besteht u. a. aus »Bergkalk, Grünstein, Grauwacke und Kieselschiefer« und enthält »Metalle (Eisen)«.
2. Leben	4. Zur Zeit des Übergangsgebirges gibt es »höheres organisches Leben«, das sind Muscheln und Korallen, und man findet dort auch »Stengel in Kohlenblende verwandelt«.
3. Leben	5. Das *»Grab des zweiten Lebens«* ist das nun folgende *»Flötzgebirge«* aus vielerlei Sandstein-Lagen, Kreide, Muschelkalk und »Jurakalk«, aus »mechanischem Niederschlag« entstanden. Das neue Gebirge enthält »viele Metalle, Kupfer-

schiefer«. Es tauchen nun auf: »Vierfüssige Tiere, Krokodile, Fische, Krebsarten« u. a. Wir sind nun auf dem »Boden für höheres Meer- und Landthierleben«.

4. Leben

6. Das *»Aufgeschwemmte Land«* aus »Kalktuff«, »Grobkalk« und u. a. »Kieseligem Kalkstein« enthält »wenig Metalle«. Es ist das *»Grab des dritten Lebens«* (auf der Erde). Gleichzeitig gibt es nun auf der Erde: »Elephanten, Rhynozeros, Tapir, Bären, Mammut, Palmenarten, Bernstein, Organische, kalcinirte Reste«.

7. Das ist der *»Boden für den Menschen«*.

8. Das »sehr entwickelte organische Leben« wird später im »Grab des vierten Lebens« versinken (eine sehr weitsichtige Prognose!).

Personen- und Sachregister

Schlüssel zu den Bildquellen

FLB = Friedrich L. Boschke
BPK = Bildarchiv Preußischer Kulturbesitz
MMP = Michael Matthias Prechtl
MPG = Max-Planck-Institut für Radioastronomie